U0316094

江西理工大学清江学术文库出版基金资助

# 氧化钨形貌调控、碳化及性能

# Morphology Mediation, Carbonization and Properties of Tungsten Oxide

尹艳红　著

扫描二维码查看
本书彩图

北　京
冶　金　工　业　出　版　社
2021

## 内容简介

本书从材料科学的角度，以通俗易懂的语言，全面系统地归纳和总结了作者多年来在氧化钨形貌调控、碳化及性能研究方面取得的重要成果。主要内容包括：氧化钨形貌调控、制备和结构表征，氧化钨碳化、表面碳层剥离及其电化学性能研究。本书具有较强的技术性和理论性，内容新颖、丰富、实用。

本书可供材料科学与工程、材料物理与化学、能源材料化学、粉末冶金等领域的工程技术人员、科研工作人员阅读，也可供大中专院校相关专业师生学习参考。

**图书在版编目(CIP)数据**

氧化钨形貌调控、碳化及性能/尹艳红著.—北京：冶金工业出版社，2021.12

ISBN 978-7-5024-9011-9

Ⅰ.①氧… Ⅱ.①尹… Ⅲ.①氧化钨—粉末冶金—研究 Ⅳ.①TF125.2

中国版本图书馆 CIP 数据核字(2021)第 275551 号

**氧化钨形貌调控、碳化及性能**

**出版发行** 冶金工业出版社　　**电　　话** (010)64027926

**地　　址** 北京市东城区嵩祝院北巷 39 号　　**邮　　编** 100009

**网　　址** www.mip1953.com　　**电子信箱** service@mip1953.com

责任编辑 王 双 美术编辑 彭子赫 版式设计 孙跃红

责任校对 石 静 责任印制 李玉山

三河市双峰印刷装订有限公司印刷

2021 年 12 月第 1 版，2021 年 12 月第 1 次印刷

710mm×1000mm 1/16；9.5 印张；182 千字；141 页

**定价 74.00 元**

**投稿电话 (010)64027932 投稿信箱 tougao@cnmip.com.cn**

**营销中心电话 (010)64044283**

**冶金工业出版社天猫旗舰店 yjgycbs.tmall.com**

(本书如有印装质量问题，本社营销中心负责退换)

# 前　言

氧化钨是制备碳化钨的前驱体，要得到纳米结构碳化钨，必须对纳米结构氧化钨进行碳化还原，而碳化还原反应一般是在较高的碳化温度下进行的，采用较大尺寸的氧化钨，得到的碳化钨尺寸必然更大。所以制备具有特殊形貌、小尺寸与较高比表面积的氧化钨是制备具有特殊形貌、小尺寸与高比表面积碳化钨的前提。

碳化钨因具有导电性、类铂催化活性和抗氧化性等特点，有望替代贵金属催化剂，被广泛应用于水电解、燃料电池、硬质合金等领域，属于国际前沿研究领域。然而高温制备过程中碳化钨表面易堆积厚厚的积碳，虽然其电化学稳定性在一定程度上得到了增强，但积碳本身易被氧化，且碳化钨表面活性位点易被遮盖，导致其催化活性受到极大抑制，难以充分发挥其结构特性优势。近年来，通常采用在碳化气体中引入氢气以减少积碳的过量堆积；或引入有催化性能的二硫化钨作为钨源以催化碳膜生长等方法，来调控碳化钨表面碳状态。虽然催化活性和稳定性有一定提升，但钨/碳比例较难控制、合成过程较复杂、危险系数和制备成本均较高，未能充分发挥碳化钨表面碳层自身组成和结构特点，在一定程度上造成高价值资源的浪费。如何在制备碳化钨的同时提高其表面碳层的石墨化程度是国内外学者高度关注的热点和难点。

作者长期从事纳米氧化钨/碳化钨/碳材料的可控制备及其在新能源电化学领域的应用研究，主持并参与了多项国家级科研项目，获得授权发明专利多项，并实现专利成果转化，发表了多篇国内外高质量学术论文，得到相关领域读者的普遍关注和认可。本书在氧化钨形貌调控基础上，通过揭示其碳化产物表面积碳到高性能石墨化碳的微观结构转化机制，为超薄碳层包覆其他过渡金属碳化物（如碳化钼、碳化铁、碳化钴等）的普适性制备及应用提供科学理论指导和方法借鉴。

本书共分7章。第1章是关于氧化钨及其碳化产物研究现状简述。第2~4章是关于氧化钨形貌调控制备和结构表征；第5章和第6章是关于氧化钨碳化、表面碳层剥离及其电化学性能研究；第7章为总结与展望。书稿中涉及的所有彩色图片需要通过扫描二维码查看。

本书主要由江西理工大学清江学术文库资助出版，在此表示诚挚的感谢。同时，也感谢国家自然科学基金地区项目（项目号：22062008）、江西理工大学清江青年拔尖人才支持计划资助项（项目号：JXUSTQJBJ2020008）的共同资助。

由于作者的学识水平和经验阅历所限，书中难免有不足之处，还恳请有关专家和广大读者给予批评、指正。

尹艳红

2021年6月

# 目　录

# 1 氧化钨及其碳化产物研究现状

## 1.1 氧化钨的研究现状

氧化钨 $WO_3$ 是制备碳化钨 WC 的重要前驱体，要得到纳米结构 WC，必须对纳米结构 $WO_3$ 进行碳化还原，而碳化还原反应一般是在较高的碳化温度下进行的，采用较大尺寸的 $WO_3$，得到的 WC 尺寸必然更大[1~3]。因此，制备具有特殊形貌、小尺寸与较高比表面积的 $WO_3$ 是制备具有特殊形貌、小尺寸与高比表面积 WC 的前提。

通常 $WO_3$ 的制备方法，如液相法（溶胶-凝胶法、水热法、微乳液法、沉淀法等）主要是通过控制工艺参数（温度、压力、气氛、pH 值等），还可以通过添加其他物质如表面活性剂、模板剂等，对氧化钨水合物 $WO_3 \cdot nH_2O$ 的晶体结构、形貌结构及晶体生长等方面进行控制，最终达到控制 $WO_3$ 的形貌与尺寸的目的。该法已成为目前最为广泛的制备 $WO_3$ 的技术。由于 $WO_3$ 主要是由其水合物 $WO_3 \cdot nH_2O$ 经脱水所得，因此制备水合物 $WO_3 \cdot nH_2O$ 显得尤为重要。为了控制 $WO_3$ 的形貌，首先要对其水合物 $WO_3 \cdot nH_2O$ 的形貌进行控制。但是，就目前来看，关于 $WO_3 \cdot nH_2O$ 材料的形貌控制技术仍存在许多不足。低维纳米结构材料的晶体形貌是在非热力学稳定条件下生长而成，通常在实验前，需要人为设计工艺途径，并在工艺过程中严格控制工艺条件或引入相关辅助手段。例如，水热环境下为了获得良好形貌的产物，往往会利用一些有机添加剂、模板剂（有机物或者无机模板剂）等，当前，采用模板结合水热法，已成功制备出纳米棒状结构 $WO_3$[4]。P. V. Tong 等人[5]采用水热法，以聚合物作为表面活性剂对其形貌进行控制，并对产物 $WO_3$ 纳米棒的直径进行调控。由于水热法具有局限性，即水热法反应都是在密封的高温高压反应釜中进行，在反应过程中，外界无法干预 $WO_3$ 的生长。

模板法（template method）是以模板剂作为主体结构修饰或调节目标材料的形貌，控制其尺寸，进而改善其性能的一种合成方法。一维纳米结构 $WO_3$（如纳米线、纳米棒、纳米管等）在众多领域有着诱人的应用前景，其制备是进一步开发其性能与应用潜能的前提。1997 年，Lakshmi 等人率先利用模板法合成了准一维纳米结构 $WO_3$[6]。目前，可用作模板的材料有多孔阳极氧化铝膜、多孔硅、介孔沸石、CNTs 等。Z. D. Xiao 等人[7]利用该法，采用钨酸（$H_2WO_4$）和钨酸钠（$Na_2WO_4$）作为钨源，共聚物（聚丙烯酸 PAA）作为模板，最终除去了 PAA 模板，得到了中孔 $WO_3$ 纳米线。Zhu 等人[8]先通过氨基硅烷化反应在 SBA-15 的孔内附上有杂多聚 $H_3PW_{12}O_{24}$（HPA），然后通过加热分解 HPA，在 SBA-15 内部得到 $WO_3$，最后用 HF 溶液将 Si 腐蚀，得到直径为 5nm 的单晶 $WO_3$ 纳米线。模板法可以分别与固相法、气相法和液相法相结合进行制备特殊形貌的纳米材料，一般模板法和液相法相结合较为普遍。

从前人研究成果中不难发现，WC 的尺寸与表面形貌对其电催化性能具有较大影响，然而 WC 的尺寸形貌又受到原材料钨源的影响。$WO_3$ 是制备 WC 的重要钨源。若以大量颗粒状 $WO_3$ 作为 WC 的前驱体，在高温碳化温度下，颗粒状碳化产物容易发生团聚，形成较大尺寸 WC。通常 $WO_3$ 是由 $H_2WO_4$ 热分解得到，所以制备小尺寸纳米结构 $H_2WO_4$ 是获得小尺寸纳米结构 $WO_3$ 的前提。$H_2WO_4$ 一般是在液相体系中通过液相反应获得。$H_2WO_4$ 粒子因具有热力学不稳定性的特点而表现出自动聚结的趋势。此外，$H_2WO_4$ 粒子表面上的自由水分子与自由羟基易形成氢键，水分子与相邻 $H_2WO_4$ 颗粒表面上的羟基也容易形成氢键，并进一步发生硬团聚，最终形成较大尺寸 $H_2WO_4$。这种大尺寸 $H_2WO_4$ 经煅烧分解所得 $WO_3$ 的尺寸必然更大，影响其性能的发挥。因此，若能在液相合成 $H_2WO_4$ 过程中提供模板或隔离剂，对改善其硬团聚有重要意义。若采用的模板是一维纳米材料，$H_2WO_4$ 往往沿着模板表面进行定向生长，从而遗传了模板的形貌，形成了一维结构 $H_2WO_4$。一维结构 $H_2WO_4$ 经热分解所得 $WO_3$ 往往也因结构遗传效应呈现一维结构。然而以大量较长尺寸的一维 $WO_3$ 作为 WC 的前驱体，在高碳化温度下，碳化产物容易相互缠绕并异常长大，阻碍了渗碳进程，致使得到的 WC 尺寸较大，影响了 WC 的结构性能与应用。所以若能在碳化前通过剪切将较长尺寸的一维 $WO_3$ 变短，使棒状的一维 $WO_3$ 在一维方向表现出较小的尺寸，得到大量小尺寸短棒或薄片状纳米 $WO_3$，对制备小尺寸 WC 具有重要意义，将会进一步扩大 WC 的应用价值。目前虽然制备了一些纳米 WC，但产量或性能还不能满足燃料电池电催化剂的实际需求。如能将棒状结构 $WO_3$ 制备成棒状或薄片状纳米 WC，将很有可能更大程度地发挥 WC 作为电催化剂的协同催化作用。基于以上原因，作者拟重点开展双壁碳纳米管（DWCNTs）的纯化与分散，$H_2WO_4$ 与 $WO_3$ 的形貌调控，纳米棒状结构 $WO_3$ 的制备、剪切及碳化研究，WC 负载铂催化剂的性能研究。

自从以 CNTs 作为模板剂制备出氧化钒纳米管以来，已成功制备出一系列纳米线、纳米管、纳米棒等形貌的纳米材料。目前，多数文献采用的 CNTs 模板都是多壁碳纳米管（MWCNTs），主要是因其具有较高的石墨化程度和相对较低的长径比，宏观上一般易呈粉末状，极易分散在一般溶剂中，形成均匀的 MWCNTs 悬浮液。但因其直径较大，难以显著降低以其作为模板制备出的目标材料的直径并调节目标材料的形貌。单壁碳纳米管（SWCNTs）虽具有更高的石墨化程度、比表面积等，但由于具有较小的直径和极大的长径比，宏观上呈絮状出现，管束之间相互缠绕，导致其较难分散于一般溶剂中，限制了其性能的最大程度发挥。DWCNTs 的石墨层介于 SWCNTs 和 MWCNTs 之间，其直径比 MWCNTs 的更小，有望显著降低由其制备出的目标材料的直径。与 SWCNTs 相比，DWCNTs 的长径比小了很多，虽然宏观上也呈絮状出现，但其分散性优于 SWCNTs。若以 DWCNTs 为模板剂，有望制备出直径较小的一维纳米结构材料。基于以上原因，本书采用无损伤均匀分散且短切的 DWCNTs 管束作为模板，利用空化效应，以期通过液相反应原位合成具有较小尺寸的 $H_2WO_4$ 和 $WO_3$。

## 1.2 碳化钨表面碳层的研究意义

WC 因具有高导电性、类铂催化活性和抗一氧化碳中毒等特点[9]，通常被作为贵金属铂的助催化剂，应用于燃料电池、水电解、空气电池等电化学领域。然而高温还原碳化法制备 WC 时，往往采用气态碳源（如一氧化碳、甲烷、乙炔等）作为碳化气体，极易在 WC 表面沉积厚厚的积碳。虽然积碳在一定程度上有助于提升 WC 的电化学稳定性，但其本身也易被氧化。此外，厚厚的积碳易遮盖 WC 真实表面的部分催化活性位点，极大地抑制了 WC 的电催化活性，使其性能远远小于贵金属[10,11]，至今难以满足商业催化剂的实际需求。

对于电化学反应过程，通常涉及界面离子传输与电子得失、反应中间体在活性位点的吸附-脱附、气泡形成与界面分离等过程。电化学反应过程与所用催化剂的电子结构（如本征缺陷、石墨化度等）、几何结构（如微观形貌、孔隙结构等）和表面特性（如润湿性）等微观-宏观结构紧密相关。过渡金属碳化物[12,13]具有类铂的电子性质和催化行为，是一种潜在的电催化剂。目前过渡金属碳化物（如碳化钼、碳化铁、WC 等）电催化剂的设计策略主要有低维纳米结构、碳复合结构、杂原子掺杂和异质界面工程等。碳载体是金属碳化物电催化剂的良好载体，具有改善纳米尺寸的分散性、避免结块或烧结、降低活性位之间的电阻、促进物质扩散、界面相互作用优化活性位的电子性质等特性。利用碳载体与碳化物进行复合，主要有两种方式，一种是制备高度暴露碳化物表面的负载型催化剂，即在已合成的碳载体（如碳纳米管、氧化石墨烯、多孔碳等）表面负载并生长金属碳化物，利用碳载体与碳化物界面的电子作用优化碳化物表面的氢结合能。该策略利用已合成的碳载体与碳化物进行复合，工艺较为复杂，且碳载体本身易团聚，使其与碳化物之间的结合力不理想。另一种是制备超薄碳层包裹的碳化物，即利用碳化物制备过程中的原位反应将有机分子转化为一定结构的碳载体，碳化物的电子注入作用活化了表面碳薄层，使其成为催化活性位点。该种方法制备的包覆型复合材料，碳层具有与碳化物亲和力好、界面结合均匀、结构多样、成本低等优点，具有优异的催化性能，其制备方法与其电催化性能的匹配关系引起了国内外科学家广泛关注[14~16]。

WC是由碳原子嵌入到钨原子晶格中形成的间隙式化合物。按化学组成可分为化学计量比WC(WC) 和碳化二钨（$W_2C$），以及非化学计量比WC($WC_{1-x}$，$x$=0.18~0.42)。碳的存在改变了钨的表面电子特性，使WC和碳化二钨具有不同程度的类铂催化活性[15,16]，而非化学计量比WC属于表面缺碳相，在电化学环境中不稳定，即使在空气中，其表面也很容易被氧化形成氧化钨物种。近年来，科研人员在研究WC电化学稳定性时发现，由于氢的吸附/脱附，催化剂的阴极/阳极峰电流密度会随着电化学循环次数的增加而增加。主要是由于WC/氧化钨的转化率随着循环次数的增加而提高，阳极层吸附氧化钨的数量随着循环次数的增加而增多，降低了WC的稳定性[17~20]。可见，WC的电催化性能主要取决于其表面状态，即表面结构（如表面碳状态）和表面组成（如钨/碳原子比）。因此，合理的WC表面结构设计对提升其电催化活性和稳定性具有非常重要意义。

众所周知，在高温还原碳化制备WC过程中，通过控制碳源的种类、含碳量以及热解制度等工艺因素，可调节积碳的石墨化度及本征缺陷等电子结构，从而增加WC表面的催化活性位点[21]。同时，通过改变WC表面积碳的几何结构和表面结构，可以有效暴露催化活性位点和促进中间产物析出反应过程的气泡分离，降低过电位。针对高温还原碳化过程中WC表面沉积的积碳，通常具有石墨化度较差、结构较难控制、与WC表面的作用力较弱等问题，目前主要采用两种方式对WC表面积碳进行调控。常用方法是清除积碳，制备表面洁净的WC[22]，即在碳化气体中引入氢气，除去多余积碳，更多地暴露WC真实表面的活性位点。虽然这种在碳化气体中混合氢气的方法，可以在高温碳化过程中除去大量积碳，但还是很难获得化学计量比WC，因为碳源与钨源的相对用量很难控制，并且碳蒸气通过气固界面进入钨晶格的扩散速度过快，较难控制积碳的厚度和石墨化程度。另一种方法是同步制备WC表面包覆碳壳的复合材料[22~26]，即先制备二硫化钨作为前驱体，然后在高温环境下引入碳化气体对二硫化钨进行碳化。由于二硫化钨边缘暴露的钨金属面具有活性位点，可以同时催化生长碳膜，得到WC/碳复合材料。该方法利用二硫化钨作为催化剂，在制备WC同时原位生长碳膜的调控模式值得借鉴，但仍存在合成过程较为复杂，制备成本较高，碳膜的石墨化程度不高等问题。

碳原子在钨晶格中嵌入而形成的WC，赋予了碳膜在线形成的独特优势，为WC表面原位获得石墨化碳膜奠定了基础，有望在制备WC的同时获得与WC结合力良好的石墨化碳材料[27,28]。同时，由于碳氢化合物具有较高的蒸气压，热解过程中容易与固态钨源进行充分接触。一方面，缺碳情况下，碳原子在钨晶格中嵌入形成碳化二钨；另一方面，在富碳情况下，碳化二钨与碳生成 WC，WC 中的碳在温度降低时容易溶出，使得 WC 与碳界面产生不同特性的微观结构和孔隙结构，从而有利于改变 WC 和碳材料的界面结构，同时 WC 的电子注入作用活化了表面碳薄层，使其成为催化活性位。然而，钨原子和碳原子的热力学作用过程较为复杂，积碳成因、石墨化转变机制、电子-几何-表面多维结构演变规律尚不明晰，WC 表面结构与包覆碳的相互作用关系有待进一步明确[28,31~33]。因此，必须掌握 WC 表面包覆碳的电子-几何-表面多维结构调控方法与作用机制，这是实现 WC 在电催化领域应用的科学基础。

2002 年，Maruyama S 等人[25]报道了以乙醇作为碳源，在较低温度下制备了单壁碳纳米管。他们认为乙醇在较低温度下就可以得到高质量的单壁碳纳米管，主要是因为乙醇产生的羟基自由基可以刻蚀无定形碳，即乙醇被金属催化剂颗粒催化裂解产生元素碳和羟基自由基，而羟基自由基进攻其附近具有悬挂键的无定型碳，最后以一氧化碳形式逸出。目前公认乙醇分子的催化裂解温度较低（甚至低于 400℃），裂解产物主要有甲烷、一氧化碳、氢气和炭黑。甲醇分子含有 O—H、C—H 和 C—O 等三种化学键，当温度足够高（900℃以上）时，甲醇分子的裂解产物主要是一氧化碳和氢气。有机小分子（如甲醇、乙醇等）属于低碳有机化合物，其高温热解产物中含有甲烷、一氧化碳、炭黑和氢气等碳化气体和还原性气体，为氧化钨的还原碳化提供了物质保障。一方面，半径较小的碳原子可以自由在钨晶格中嵌入和析出，为原位制备石墨化碳膜提供了先天形成条件；另一方面，氧化钨发生还原和碳化过程所需温度不同，低温下热解温度低的含碳气体主要对氧化钨进行还原和积碳调节，高温下热解温度高的含碳气体和还原性气体主要对钨中间体进行碳化和积碳调节。由此可见，在合适的热解工艺条件下，甲醇、乙醇等有机小分子都可通过热解生成碳化气体和还原性气体，对钨源进行原位还原碳化，有望在制备 WC 同时对其表面积碳进行微观-宏观结构调控。

结合以上制备方法的优势，如果能在制备 WC 的同时，利用有机小分子经热解产生的元素碳和羟基自由基，对 WC 表面积碳含量及微观结构进行原位调控，有望在 WC 表面原位生长石墨化超薄碳层。原位生长的石墨化超薄碳层具有与 WC 亲和力好、界面结合均匀、结构多样、成本低等优点，将有助于高效发挥 WC 的本征催化活性。此外，WC 表面包覆石墨化超薄碳层可有效避免其与电解液的直接接触，进而提升其在酸性或碱性电解液中的耐腐蚀性[26,27]。因此，在制备 WC 过程中，原位生长石墨化碳纳米层对 WC 表面进行包覆，是显著提升 WC 本征电催化性能的有效途径。国内外前期大量研究已充分证实，通过在 WC 表面原位包覆碳纳米材料，可以显著改善 WC 的电催化性能和稳定性[29,30]。

虽然通过在常用碳化气体（如甲烷、一氧化碳等）中掺入一定量还原性气体（如氢气），能够有效降低碳在 WC 表面的沉积量，有利于增加 WC 表面的真实活性位点。然而，这种方式往往使 WC 表面处于缺碳型结构，导致 WC 在电解液中的电催化性能和稳定性明显低于同类 WC 催化剂。所以，基于现有制备方式未能充分发挥 WC 表面包覆碳基体自身组成和结构特点，造成高价值资源在一定程度上浪费，本书提出了利用有机小分子（如甲醇、乙醇等）原位调控 WC 表面积碳石墨化转变的创新思路，具有以下突出优势和特点：（1）有望实现 WC 表面积碳到高性能石墨化碳的快速转化和增值利用；（2）充分发挥原位自生长石墨化碳纳米壳的在线引入，对 WC 生长起到空间限域作用，有望实现小尺寸 WC 表面原位包覆石墨化碳纳米壳的制备，有利于获得稳定性高和性能优异的催化剂；（3）可进一步调节包覆碳的电子-几何-表面多维结构，构筑核壳结构纳米材料，有望为高性能碳层包覆其他过渡金属碳化物（如碳化钼、碳化铁、碳化钴等）催化剂的普适性制备提供科学理论指导和方法借鉴[31~34]。

本书在调节氧化钨形貌尺寸的基础上，采用有机小分子作为碳源，在原位碳化制备 WC 的同时，在其表面包覆石墨化超薄碳层，实现了 WC 表面积碳到高性能石墨化碳层的增值转化，为高性能超薄碳层包覆过渡金属碳化物的普适性制备提供理论指导和方法借鉴，以期提升 WC 在电催化剂和 WC-Co 复合粉中的应用价值。

## 参考文献

[1] 雷纯鹏，唐建成，刘刚，等．氧化钨还原过程中的形貌结构遗传特性研究［J］．稀有金属与硬质合金．2012，40（5）：1~6.

[2] 何利民，唐三川．直接还原碳化法制备超细 WC 粉体研究［J］．矿冶工程．2011，31（4）：109~113.

[3] 雷纯鹏，刘刚，唐建成，等．氧化钨形貌结构对纳米 WC 粉及其烧结性能的影响［J］．稀有金属与硬质合金，2013，41（2）：53~57.

[4] Jiao Z H, Sun X W, Wang J M, et al. Hydrothermally grown nanostructured $WO_3$ films and their electrochromic characteristics [J]. J. Phys. D: Appl. Phys., 2010. 43 (28): 285501~285507.

[5] Pham Van Tong, Nguyen Duc Hoa, Vu Van Quang, et al. Diameter controlled synthesis of tungsten oxide nanorod bundles for highly sensitive $NO_2$ gas sensors [J]. Sensor. Actuat. B. Chem., 2013, 183 (13): 372~380.

[6] Choi H G, Jung Y H, Kim D K. Solvothermal synthesis of tungsten oxide nanorod/nanowire/nanosheet [J]. J. Am. Ceram. Soc., 2005, 88 (6): 1684~1686.

[7] Xiao Z D, Zhang L D, Tian X K, et al. Fabrication and structural characterization of porous tungsten oxide nanowires [J]. Nanotechnology, 2005, 16 (11): 2647~2650.

[8] Zhu K K, He H Y, Xie S H, et al. Crystalline $WO_3$ nanowires synthesized by templating method

[J]. Chem. Phys. Lett., 2003, 377 (3~4): 317~321.

[9] Levy R L, Boudart M. Platinum-like behavior of tungsten carbide in surface catalysis [J]. Science. 1973, 181 (4099): 547~549.

[10] Wang K F, Jiao S Q, Chou K C, et al. A facile pathway to prepare ultrafine WC powder via a carbothermic pre-reduction followed by carbonization with $CH_4$-$H_2$ mixed gases [J]. Inter. J. Refract. Met. Hard Mater., 2020, 86: 105118.

[11] Zheng W Q, Wang L, Deng F, et al. Durable and self-hydrating tungsten carbide-based composite polymer electrolyte membrane fuel cells [J]. Nat. Commun., 2017, 8 (1): 1~8.

[12] Gong Q, Wang Y, Hu Q, et al. Ultrasmall and phase-pure $W_2C$ nanoparticles for efficient electrocatalytic and photoelectrochemical hydrogen evolution [J]. Nat. Commun., 2016, 7: 13216-1-8.

[13] Chen W F, Schneider J M, Sasaki K, et al. Tungsten carbide-nitride on graphene nanoplatelets as a durable hydrogen evolution electrocatalyst [J]. Chem. Sus. Chem., 2015, 7 (9): 2414~2418.

[14] Xiao P, Ge X, Wang H, et al. Novel molybdenum carbide-tungsten carbide composite nanowires and their electrochemical activation for efficient and stable hydrogen evolution [J]. Adv. Func. Mater., 2015, 25 (10): 1520~1526.

[15] Hu Y, Yu B, Ramadoss M, et al. Scalable synthesis of heterogeneous W-$W_2C$ nanoparticle-embedded CNT networks for boosted hydrogen evolution reaction in both acidic and alkaline media [J]. ACS Sustain. Chem. Eng., 2019, 7 (11): 10016~10024.

[16] Hu Y, Yu B, Li W X, et al. $W_2C$ nanodot-decorated CNT networks as a highly efficient and stable electrocatalyst for hydrogen evolution in acidic and alkaline media [J]. Nanoscale, 2019, 11 (11): 4876~4884.

[17] Ling Y, Luo F, Zhang Q, et al. Tungsten carbide hollow microspheres with Robust and stable electrocatalytic activity toward hydrogen evolution reaction [J]. ACS omega, 2019, 4 (2): 4185~4191.

[18] Hunt S T, Milina M, Alba-Rubio A C, et al. Self-assembly of noble metal monolayers on transition metal carbide nanoparticle catalysts [J]. Science, 2016, 352 (6288): 974~978.

[19] 张娜. 碳基二氧化钨、碳化钨复合材料形貌可控制备及析氢性能研究 [D]. 太原: 太原理工大学, 2019.

[20] Ko Y J, Cho J M, Kim I, et al. Tungsten carbide nanowalls as electrocatalyst for hydrogen evolution reaction: New approach to durability issue [J]. Appl. Catal. B: Environ., 2017, 203: 684~691.

[21] Li Y, Wu X, Zhang H B, et al. Interface Designing over $WS_2/W_2C$ for Enhanced Hydrogen Evolution Catalysis [J]. ACS Appl. Energy Mater., 2018, 1 (7): 3377~3384.

[22] He J B, Chen D, Zhu W L, et al. Magnetotransport properties of the triply degenerate node topological semimetal tungsten carbide [J]. Phys. Rev. B, 2017, 95 (19): 195165.

[23] Lu J, Yin S, Shen P K. Carbon-encapsulated electrocatalysts for the hydrogen evolution reaction [J]. Electrochem. Energ. Rev., 2018, 2 (1): 105~127.

[24] Maruyama S, Kojima R, Miyauchi Y, et al. Low-temperature synthesis of high-purity single-walled carbon nanotubes from alcohol [J]. Chem. Phys. Lett., 2002, 360 (3~4): 229.

[25] Jeong I, Lee J, Vincent Joseph K L, et al. Low-cost electrospun WC/C composite nanofiber as a powerful platinum-free counter electrode for dye sensitized solar cell [J]. Nano Energ., 2014, 9: 392~400.

[26] Fan X, Zhou H, Guo X. WC nanocrystals grown on vertically aligned carbon nanotubes: an efficient and stable electrocatalyst for hydrogen evolution reaction [J]. ACS Nano, 2015, 9: 5125~5134.

[27] 刘志伟. 氧化钨水合物和碳化钨的制备、表征及电化学性能 [D]. 北京：北京科技大学, 2018.

[28] Peng J J, Chen N Q, He R, et al. Electrochemically driven transformation of amorphous carbons to crystalline graphite nanoflakes: A facile and mild graphitization method [J]. Angewandte Chemie, 2017, 129 (7): 1777~1781.

[29] Chen W X, Pei J J, He C T, et al. Single tungsten atoms supported on MOF-derived N-doped carbon for robust electrochemical hydrogen evolution [J]. Adv. Mater., 2018, 30 (30): 1800396-1: 1800396-6.

[30] Emin S, Altinkaya C, Semerci A, et al. Tungsten carbide electrocatalysts prepared from metallic tungsten nanoparticles for efficient hydrogen evolution [J]. Appl. Catal. B: Environ., 2018, 236: 147~153.

[31] Zhang, L N, Ma Y Y, Lang Z L, et al. Ultrafine cable-like WC/$W_2C$ heterojunction nanowires covered by graphitic carbon towards highly efficient electrocatalytic hydrogen evolution [J]. J. Mater. Chem. A, 2018, 6 (31): 15395~15403.

[32] Tong Z, Wen M, Lv C, et al. Ultrathin and coiled carbon nanosheets as Pt carriers for high and stable electrocatalytic performance [J]. Appl. Catal. B-Environ., 2020, 269: 118764.

[33] Tong Z, Wen M, Yu C Q, et al. Template-mediated growth of tungsten oxide with different morphologies for electrochemical application [J]. Mater. Lett., 2020, 264: 127309-1-3.

[34] 肖健，刘锦平，王智祥，等. 泡沫钛的结构设计 [M]. 北京：冶金工业出版社，2018.

# 2 碳纳米管模板原位制备钨酸及其脱水产物初探

## 2.1 概述

目前，纳米结构 $WO_3$[1~9]一般是通过液相反应获得前驱体 $H_2WO_4$ 溶液，除去溶剂后得到 $H_2WO_4$，再经热分解得到。在制备过程中，$H_2WO_4$ 因热力学不稳定而呈自动聚结状态。此外，$H_2WO_4$ 表面上的自由水分子与自由羟基易形成氢键，再与相邻 $H_2WO_4$ 表面上的水分子形成氢链，产生桥联作用。因而，这种 $H_2WO_4$ 经煅烧进一步脱水，其中氢键将转化成强度更高的桥氧键，从而使产物 $WO_3$ 发生硬团聚，使其尺度显著增大[10~14]。为了得到小尺寸 $WO_3$，首先要得到小尺寸 $H_2WO_4$，通常解决的办法是采用加入表面活性剂来改善 $H_2WO_4$ 的稳定性和黏度[15]，然而由于表面活性剂的引入，使最终所制备的 $WO_3$ 中含有较多的表面活性剂与吸附物，导致其化学性能下降。因此，若能在 $H_2WO_4$ 形成过程中，提供不参与反应的模板或隔离剂，将 $H_2WO_4$ 相互隔离，阻止或抑制水分子与其表面上的羟基形成氢键以及颗粒间形成氢键[16,17]，可以改善最终产物 $WO_3$ 的硬团聚程度。

模板法是以模板剂为主体结构去影响、修饰或调节目标材料的形貌，控制其尺寸，进而决定其性能的一种合成方法。利用模板剂具有空间“限域”效应和结构导向作用[18,19]，可有效缓解制备过程中生成物的二次团聚现象，从而达到控制目标产物的尺寸与形貌。目前，可作为模板剂的物质主要有两类，一类是只作为定型骨架，本身并不参与产物的合成（如 CNTs、硅藻土等）；另一类是作为定型骨架的同时，本身作为反应前驱物加入到产物的合成过程（如银纳米线、硫醇镉聚合物纳米线、碱式半胱氨酸铅纳米线等）。CNTs 因具有典型的一维结构而成为最有前途的纳米材料，利用其特殊结构[20]可制备出具有特殊结构的纳米材料。自从以 CNTs 作为模板剂制备出氧化钒纳米管以来，一系列纳米线、纳米管、纳米棒等纳米结构材料已经被制备出来。一般来说，沿着 CNTs 外壁生长的纳米线、纳米棒等纳米结构材料的平均直径取决于 CNTs 管束的直径。目前采用最多的 CNTs 模板是 MWCNTs，由于其外观呈粉末状，在水中易于分散，常被用作模板剂来制备纳米材料。然而，MWCNTs 的直径远远大于 DWCNTs 和 SWCNTs，因此，利用其作为模板，难以显著降低由其制备出的纳米材料的尺度。DWCNTs 的直径介于 MWCNTs 与 SWCNTs 之间，相对 MWCNTs 具有直径小，相对 SWCNTs 又相对容易分散。目前采用 DWCNTs 模板制备纳米材料的方法[21]还少有报道。

综上所述，本章结合前人经验及本课题组在纳米材料制备及应用方面研究的优势，提出利用 DWCNTs 作为模板剂来制备 $H_2WO_4$，并将其进行一步化学脱水制备 $WO_3$。具体是以均匀分散于乙二醇中的 DWCNTs 作为模板，采用两种方式（一步法和二步法）加入 $H_2WO_4$，形成 DWCNTs/$H_2WO_4$ 混合物。经研究发现，采用一步法将 $H_2WO_4$ 直接沉积在 DWCNTs 管束表面，可有效阻止和避免 $H_2WO_4$ 在长大过程中的二次团聚，有利于得到小尺寸 $H_2WO_4$。在此基础上，将小尺寸 $H_2WO_4$ 置于空气气氛中煅烧，经化学脱水所得 $WO_3$ 具有较小的尺寸和较大的比表面积。

## 2.2　碳纳米管模板的纯化、无损伤分散及表征

### 2.2.1　碳纳米管模板的纯化及无损伤分散

#### 2.2.1.1　碳纳米管的纯化工艺

本书采用的 DWCNTs 模板主要来源于 CVD 法制备的团絮状 CNTs[22]（见图 2-1（a））。

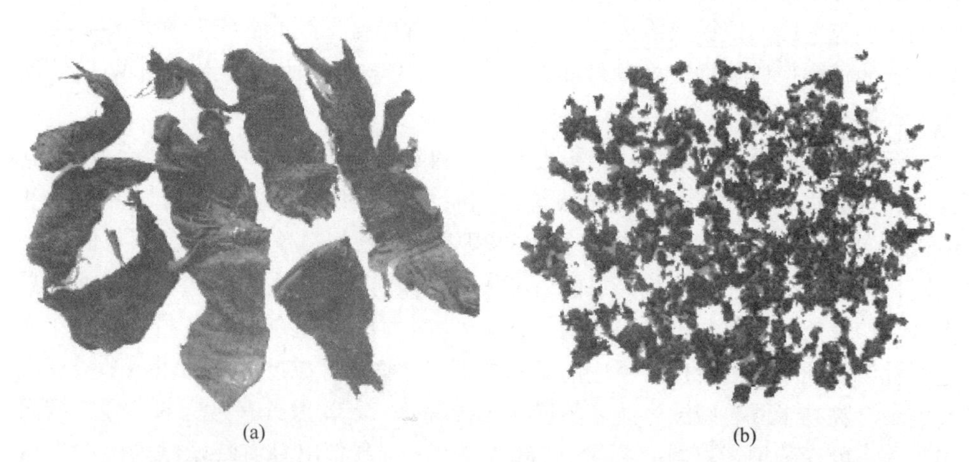


图 2-1　CNTs 原料(a)和纯化后的 CNTs 并经镊子撕碎(b)的宏观照片

由于 CVD 法制备的 CNTs 中往往含有碳颗粒物以及无定型碳等物质，此外采用二茂铁作为催化剂，高温裂解过程中将会产生铁颗粒（见后文图 2-4（a）和（b）），致使产物 CNTs 不纯净。因此，使用 CNTs 作为模板前必须对其进行纯化处理，以除去其中的杂质。CNTs 的纯化处理[22]主要包括两个程序，首先对其

进行氧化处理，这样可除去 CNTs 中的碳颗粒物以及无定型碳等物质，其包裹的铁颗粒也可以由于氧化作用而转变成铁氧化物；然后对 CNTs 进行酸洗处理，主要是去除含铁氧化物等铁杂质。主要步骤如下：

（1）通空气处理。于 450℃下通空气保温 2h，主要是利用空气除去 CNTs 原料中的一部分碳类杂质如无定型碳，并将铁单质氧化为氧化铁。因此，CNTs 经过初步纯化，其中一部分无定型碳等颗粒物得以消除。

（2）二次处理。将反应炉中的空气置换为氮气，程序升温到 850℃，包裹铁颗粒的石墨层会与 450℃空气情况下生成的铁氧化物反应而消耗，从而更有效地对 CNTs 进行纯化。因此，在氮气保护下于 850℃保温 2h，可有效去除 CNTs 以外的碳类杂质。最后，降温要注意对 CNTs 进行保护，温度降到 400℃前要保持氮气的持续供给，防止 CNTs 的氧化。

（3）酸洗处理。可用于 CNTs 酸洗的酸性液体有很多，较常见的有稀盐酸和稀硝酸。根据制备 CNTs 采用催化剂种类的不同，可选用合适的酸洗方法，如对采用镍等金属元素做催化剂制备的 CNTs，可用氢氟酸等进行酸洗，以除去 CNTs 中的催化剂颗粒。

本章对 CNTs 进行纯化的具体步骤是，先将经过空气氧化处理的 CNTs 加到稀盐酸（浓盐酸与去离子水按 1∶1 的体积比混合）中进行酸洗处理，在恒温磁力搅拌下，于 120℃油浴回流 2~4h，可有效去除 CNTs 中的包括铁氧化物在内的杂质，最终得到纯净的 CNTs（见后文图 2-4（c）和（d））。

#### 2.2.1.2 碳纳米管模板的分散工艺

CNTs 管束间具有极强的黏附性，使管束之间相互缠绕严重，要充分发挥其性能优势，在对其进行纯化处理后，还必须对其管束进行分散处理。CNTs 的分散方法很多，比较常见的方法有机械破碎法、超声分散法、表面修饰法等。

（1）机械破碎法。利用物理手段对 CNTs 进行分散，常用的方法是机械球磨，通过磨动切割来实现对 CNTs 的分散。该法多用于 MWCNTs 的分散，而对于倾向于 SWCNTs 形状的 CNTs 不能起到较好的分散效果。球磨过的 CNTs 相对来说仍旧具有较大的长径比，管束之间的缠绕程度不能得到较好的改善，此外，球磨过程容易对 CNTs 的外壁结构造成损伤，使 CNTs 管壁遭到不同程度的破坏。

（2）超声分散法。超声波属于纵波，主要是通过对溶液分子进行震荡，加速溶液分子在其平衡位置的振动，形成所谓的低压区和高压区。一般采用超声分散 CNTs 是先将待分散 CNTs 浸泡于分散溶剂中，利用分散溶剂的微环境减弱 CNTs 管束之间的分子范德华力，同时利用超声空化效应将彼此缠绕的 CNTs 管束进行剥离。

（3）表面修饰法。该法使 CNTs 表面氧化或引入新官能团，增强了 CNTs 的亲液体性，继而使 CNTs 易分散并进入液体中达到分散效果；再通过表面活性剂对 CNTs 表面进行一定的改性处理，在不破坏其原结构前提下，使表面活性剂吸附在 CNTs 表面，使 CNTs 管束之间相互分离或产生亲水性，从而达到分散 CNTs 的目的。

本书采用的纯化后的 CNTs 主要以 DWCNTs 为主，宏观状态呈絮状，管束间相互缠绕现象较严重。为了对 DWCNTs 进行均匀分散，并尽可能地保持其原有结构不被破坏，分别尝试采用乙二醇、无水乙醇作为分散介质，以纯化后经剪碎的 DWCNTs（见图 2-1（b））作为分散对象，置于超声波震荡器中进行超声分散 72h，得到了 DWCNTs/乙二醇悬浮液和 DWCNTs/乙醇悬浮液，静置 24h，对 DWCNTs 在分散介质中的分散情况进行观察对比，如图 2-2（a）和（b）所示，分别是以乙二醇和无水乙醇作为分散剂对 DWCNTs 进行分散的宏观效果图。

图 2-2　DWCNTs 分别在乙二醇(a)和乙醇(b)中分散效果

对图 2-2（a）进行观察可发现，分散后的 DWCNTs/乙二醇悬浮液呈墨汁状，静置 24h 后无明显沉淀现象发生，表明乙二醇不仅可以均匀分散 DWCNTs，而且对 DWCNTs 管束之间的聚沉有一定的抑制作用，说明利用乙二醇作为分散剂对 DWCNTs 进行分散，可以达到较好的分散效果。无水乙醇作为分散剂对 DWCNTs 进行分散，同样可以达到较好的分散效果，DWCNTs/乙醇悬浮液呈墨汁状，但静置 24 h 后会发生聚沉现象（见图 2-2（b）），说明无水乙醇对 DWCNTs 管束的聚沉抑制效果没有乙二醇好。因此，乙二醇比无水乙醇更适宜作为 DWCNTs 的分散介质。

本书中的所有实验都以乙二醇作为分散剂，采用初步物理剪切和超声分散法对 DWCNTs 进行分散，具体步骤如下：

（1）物理剪切。用镊子对其进行撕碎，可使宏观上呈絮状的 DWCNTs 被撕碎成碎片（见图 2-1（b））。该 DWCNTs 质地非常轻，空气中稍微有风都会使其飘浮。经过多次反复实验发现，如果直接取适量并经纯化的团絮状的 DWCNTs 浸入乙二醇中进行超声分散，为了得到均匀分散的 DWCNTs/乙二醇悬浮液，超声时间需要超过 24h。后经改进，先对团絮状的 DWCNTs（见图 2-1（a））进行初步物理分散，之后，再将其浸入乙二醇中置于超声波振荡器中进行分散，发现 DWCNTs 经初步物理分散后，更有利于乙二醇的浸入，仅需 8h 即可得到均匀的 DWCNTs/乙二醇分散液，大大缩短了 DWCNTs 在乙二醇中的分散时间。

（2）超声分散。用精密电子天平准确称取 1mg DWCNTs，将其小心地装入试剂瓶中，然后再往试剂瓶中加入 10mL 乙二醇作为分散剂（见图 2-3（a）），连同试剂瓶一起放入超声波震荡器（功率为 800W）中，在冷却循环水作用下进行超声分散 24h，采取间歇式分散，即超声 3min，停歇 1min。在超声分散期间需注意几点事项：

1）置于超声波中的试剂瓶的瓶盖务必拧紧，防止震荡过程中超声波中的水进入试剂瓶；

2）必须保证超声波进水口、出水口、电源及超声波内部的试剂瓶状态，保证超声波不过热而损坏，或者超声波的水位过高或过低。

(a) (b)

图 2-3 DWCNTs 在乙二醇中分散前(a)和分散后(b)

（3）在亮处用肉眼观察到 DWCNTs 无聚沉，均匀地分散在乙二醇中并呈墨汁状时，即可停止超声，得到浓度为 0.1mg/mL DWCNTs/乙二醇悬浮液（见图 2-3（b））。

（4）将 DWCNTs/乙二醇悬浮液过滤后进行干燥，取样进行 SEM 分析、FT-IR 和 Raman 检测，以观察 DWCNTs 分散前后的微观形貌、表面官能团及石墨化程度的变化情况。

### 2.2.2 碳纳米管的宏观与微观形貌分析

#### 2.2.2.1 碳纳米管原始样品

图 2-4 所示为未经纯化处理的 CNTs 的 TEM 图和微区 EDS 图。

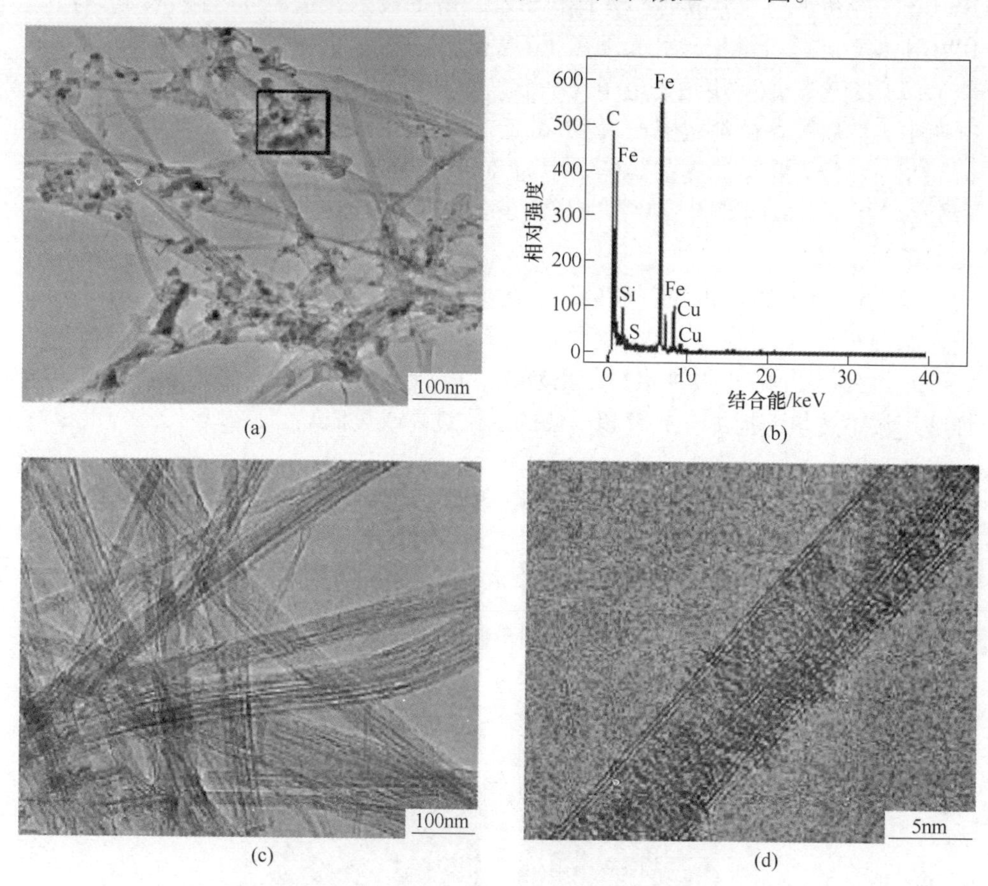


图 2-4 原始 CNTs 的 TEM 照片(a)和微区 EDS 图谱(b)以及
纯化后 DWCNTs 的 TEM(c)和 HRTEM(d)照片

从图 2-4（a）可以看出，CNTs 管束之间相互粘连并交织在一起，同时 CNTs 管束之间交织的部位分布着大量黑色颗粒物，分布比较均匀且形状不规则，尺寸在 8~20nm 之间。图 2-4（b）所示为图 2-4（a）中黑色边框所选区域的 EDS 图，结果显示，该区域的元素组成主要为 C、Fe、S 和 Cu 等。其中 Cu 应该为铜网所导致，S 为生长促进剂噻吩分解所导致，Fe 为金属催化剂二茂铁在高温下分解所导致，C 为 CNTs 的构成元素。图中 C、Fe 的比例最高，可以判断图 2-4（a）中的黑色颗粒为 Fe 颗粒，并附着于 CNTs 的管壁表面。

#### 2.2.2.2 碳纳米管的纯化

图 2-4（c）和（d）所示分别为经纯化的 CNTs 的 TEM 和 HRTEM 图。与图 2-4（a）进行对比，可发现图 2-4（c）中经纯化的 DWCNTs 管束之间不再出现明显的黑色颗粒物质，说明通过氧化和酸洗处理，可以有效除去 CNTs 中的碳颗粒物、无定型碳、铁氧化物等杂质。图 2-4（d）中的 HRTEM 图显示 CNTs 的成分主要以 DWCNTs 为主，含有少量 SWCNTs 以及 MWCNTs。其中单根 DWCNTs 的直径达 5nm 左右。具有该种直径的 DWCNTs 可能会与普通的 MWCNTs 有着不同的性能。另外，该 DWCNTs 的石墨层基本与管的轴向平行，有着较好的石墨化结构。

#### 2.2.2.3 乙二醇分散碳纳米管前后的微观形貌对比

乙二醇呈黏稠状，可以使 DWCNTs 在其中进行分散，并形成墨汁状悬浮液，但肉眼难以判断悬浮液中 DWCNTs 管束之间的分散程度。通过 SEM 分析 DWCNTs 在乙二醇中分散前后的微观状态。SEM 检测过程中需先将乙二醇分散前后的 DWCNTs 置于无水乙醇中进行分散，滴在硅片上，待乙醇挥发后，再对 DWCNTs 进行微观形貌观察。图 2-5（a）所示是未经过乙二醇分散的 DWCNTs 的 SEM 图，图 2-5（b）所示是经乙二醇分散的 DWCNTs 的 SEM 图。从图 2-5（a）可明显看出，分散前的 DWCNTs 大多数呈管束形式出现，管束之间相互缠绕，单根 CNTs 管束的长度大于 5μm。

(a)

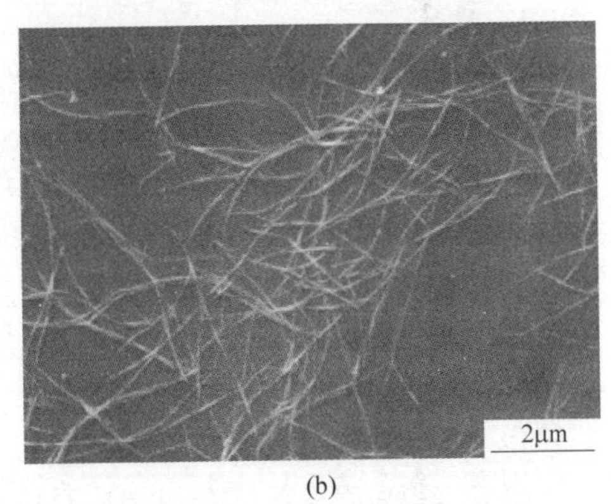


(b)

图 2-5 未经乙二醇分散(a)和经乙二醇分散后(b)的 DWCNTs SEM 图

经乙二醇分散后的 DWCNTs 的微观形貌如图 2-5（b）所示，DWCNTs 管束之间的缠绕程度得到有效抑制，单根 DWCNTs 管束的长度从大于 5μm 降到 2~3μm。可见，以乙二醇作为分散剂，经长时间超声分散，可对 DWCNTs 的长度进行有效剪短，DWCNTs 的长径比明显降低，并且 DWCNTs 之间相互缠绕程度得到有效缓解，说明乙二醇既可以将 DWCNTs 管束有效分散开，还可以抑制体系中的 DWCNTs 管束之间相互缠绕。主要原因是乙二醇的表面张力较低，仅有 0.0479N/m，乙二醇可以轻松浸入 DWCNTs 管束之间，在超声机械力作用下，使得 DWCNTs 管束之间的范德华力减弱，从而使 DWCNTs 管束的长度有所减短，管束之间基本分离。

#### 2.2.2.4　分散前后碳纳米管拉曼光谱与红外光谱对比

图 2-6（a）所示为乙二醇分散 DWCNTs 前后的红外光谱图，谱线显示的各个峰位大致相同，说明采用乙二醇对 DWCNTs 进行分散，没有在 DWCNTs 管束表面引入新的官能团，超声机械力作用没有对 DWCNTs 管束本身造成破坏。图 2-6（b）中曲线 1 和曲线 2 分别表示乙二醇分散 DWCNTs 前后的拉曼光谱图，曲线 2 中的 G 值与 D 值的比值为 5.0，比曲线 1 中的值（5.3）略有降低，仍然具有较高的石墨化程度，说明超声机械力没有对 DWCNTs 的石墨层造成很大的破坏，达到了无损伤分散的目的。

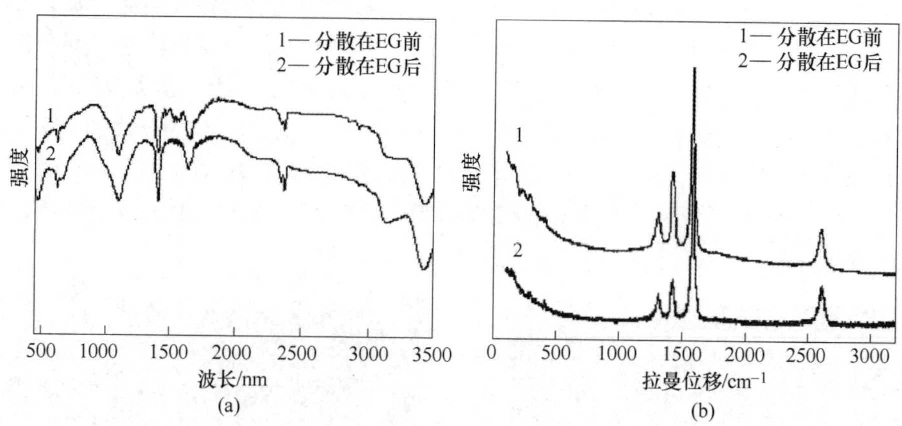


图 2-6　DWCNTs 在乙二醇中分散前后的红外光谱(a)与拉曼光谱(b)

## 2.3　钨源前驱体的碳纳米管模板法原位制备及表征

### 2.3.1　钨源前驱体的模板法制备

本节实验采用模板结合液相法原位制备了钨源前驱体，装置如图 2-7 所示，主要仪器包括循环水冷凝管、油浴锅、恒温磁力搅拌器等。

为了展示 DWCNTs 模板对钨源前驱体二次团聚的抑制效果，分别尝试两种方式（DWCNTs 模板二步法和 DWCNTs 模板一步法）对钨源前驱体与 DWCNTs 进行混合。DWCNTs 模板二步法是先制备出钨源前驱体，再将其与 DWCNTs 进行混合；DWCNTs 模板一步法是直接在 DWCNTs 表面沉积钨源前驱体，使钨源前驱体与 DWCNTs 进行混合。

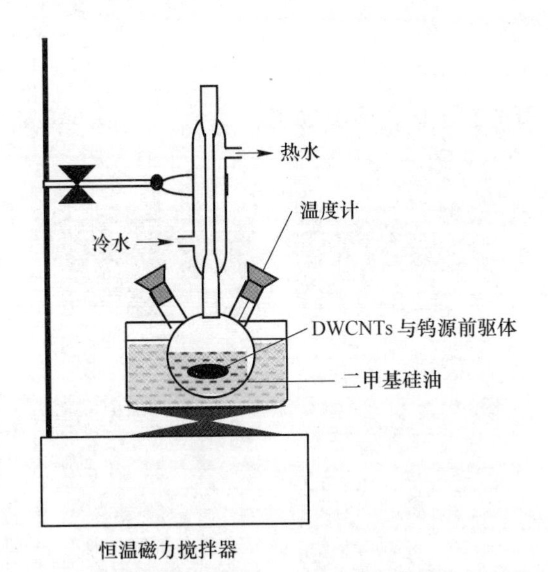


图 2-7 DWCNTs 模板法原位制备钨源前驱体的装置

经多次反复实验，以常温及 80℃以下的反应温度进行钨源前驱体的制备，所得乳白色絮状物产率都较低，经改进，将反应温度提高至 100℃以上，产物的产率大幅提高。此外，由于所用的 DWCNTs 模板易均匀分散于乙二醇中，而钨源前驱体在乙二醇中呈透明状，难以沉淀出来，因此在制备钨源前驱体时，体系中的溶剂为水和乙二醇（体积比为 1：1）的混合溶液。具体实验步骤如下：

（1）配制 100mL 0.1g/L DWCNTs/乙二醇悬浮液。具体是将 10mg DWCNTs 分散于 100mL 乙二醇中，置于超声波清洗器中分散 8h。

（2）配制 100mL 0.1g/L $Na_2WO_4$ 水溶液，具体是称取 3g $Na_2WO_4 \cdot 2H_2O$ 溶于 100mL 水中，搅拌至澄清。

（3）二步法制备过程为：对圆底烧瓶中的 $Na_2WO_4$ 水溶液进行搅拌，并油浴加热到 100℃，向 $Na_2WO_4$ 水溶液中滴加 8mL 浓盐酸，生成前驱体；再加入 DWCNTs/乙二醇悬浮液，继续搅拌 4h，使 DWCNTs 与前驱体充分混合。一步法制备过程为：将分散均匀的 DWCNTs/乙二醇悬浮液直接倒入装有 $Na_2WO_4$ 水溶液的圆底烧瓶中，磁力搅拌并油浴加热，当温度达到 100℃，开始逐滴加入 8mL 浓盐酸，保持恒温，搅拌 4h，圆底烧瓶底部生成大量的前驱体沉淀。

（4）当上述沉淀冷却至常温后，经过滤、洗涤后，放入表面皿中，并用少许无水乙醇进行分散，100℃真空干燥 2h，获得 DWCNTs 与钨源前驱体混合物。

### 2.3.2 钨源前驱体的宏观状态分析

DWCNTs 模板二步法制备钨源前驱体的工艺过程如图 2-8 和图 2-9 所示。图

2-8 所示为制备钨源前驱体的过程。其中图 2-8（a）为去离子水，图 2-8（b）中的乳白色絮状物可能为钨源前驱体，静置一段时间后，发生沉积，呈棉絮状，均匀分散于溶液中。可能发生的反应式如下：

$$Na_2WO_4 + 2HCl \longrightarrow 2NaCl + H_2WO_4 \downarrow \tag{2-1}$$

图 2-8 钨源前驱体的生成照片

（a）去离子水；（b）前驱体

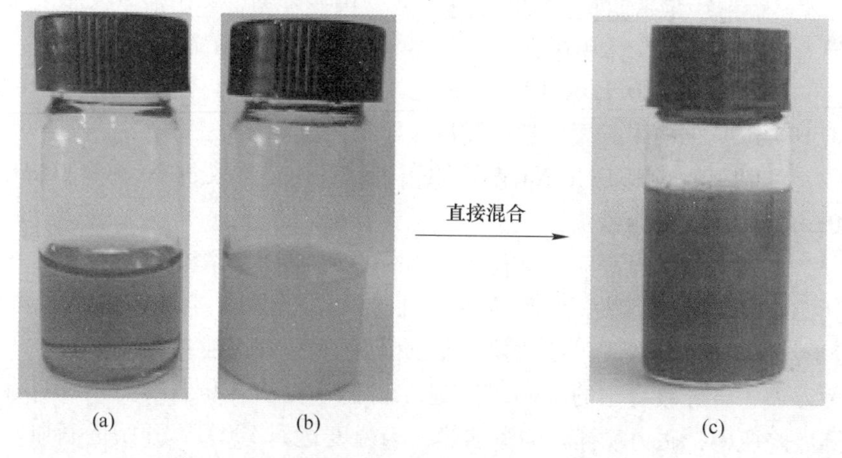


图 2-9 二步法制备 DWCNTs 与钨源前驱体混合物

（a）分散均匀的 DWCNTs/乙二醇悬浮液；（b）钨源前驱体；（c）DWCNTs 与钨源前驱体混合物

图 2-9 所示是将 DWCNTs 与上述所得钨源前驱体（图 2-8（b））进行混合的过程。如图 2-9（a）所示，将 1mg DWCNTs 分散于 10mL 乙二醇中，利用超声波恒温水浴分散 8h，形成分散均匀的 DWCNTs/乙二醇悬浮液。将分散均匀的

DWCNTs/乙二醇悬浮液（见图2-9（a））与钨源前驱体（见图2-9（b））混合，其中图2-9（b）与图2-8（b）中的乳白色絮状物相同，经恒温磁力搅拌4h后，DWCNTs与前驱体混合在一起（见图2-9（c））。利用真空抽滤器（所用有机系滤膜的孔径为0.22μm）对前驱体溶液进行过滤时，速度相对较慢，主要是因为产物的尺寸较小，其次随着过滤的进行，混合物沉积于滤纸上，导致过滤速度下降。一步法制备钨源前驱体的过程与上述二步法相似，不同的是，在图2-9（a）中的DWCNTs/乙二醇悬浮液中加入$Na_2WO_4$水溶液，再加入稀盐酸，使钨源前驱体直接在DWCNTs表面成核并长大。

上述两种方法制备的钨源前驱体的宏观照片如图2-10所示。

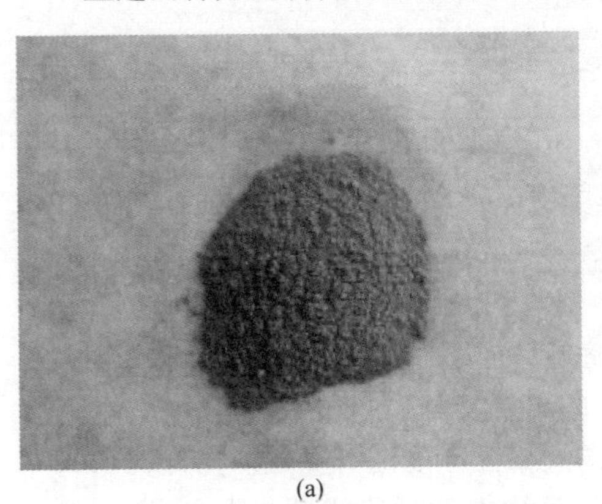
(a)

(b)

图2-10　二步法(a)和一步法(b)制备的DWCNTs与钨源前驱体混合物

由图2-10（a）可看出，二步法制备的钨源前驱体颜色为呈灰色，并有点泛绿，颗粒相对粗大，且较硬，难于碾压变碎。主要的原因是二步法制备过程中，首先制备钨源前驱体，然后才与DWCNTs进行物理混合，导致混合不均匀，可能是其中模板剂DWCNTs对前驱体的二次团聚没有达到隔离的效果，对二次团聚的抑制作用没有真正体现出来。由图2-10（b）可看出，一步法制备的钨源前驱体颜色呈深黑色，颗粒相对细小，且如用工具进行碾压，还可进一步变细。主要的原因是一步法制备过程中，首先钨源前驱体直接在DWCNTs管束表面进行形核并长大，与模板剂DWCNTs混合均匀，其中DWCNTs模板可能起到了隔离前驱体并阻止其长大的作用，此外可能由于DWCNTs管束具有较强的韧性，对钨源前驱体具有支撑作用，使得钨源前驱体的质地较为松软。

## 2.4　钨源前驱体的脱水与结果分析

### 2.4.1　钨源前驱体的热分析

采用TG-DTA分析的方法，在25~600℃温度范围内，不断通入空气，对一步法所得钨源前驱体与 DWCNTs 混合物质量的变化趋势以及可能发生的物理或化学反应做出相应的分析。参比物为 $Al_2O_3$，升温速度为 7℃/min。测试结果如图 2-11 所示。

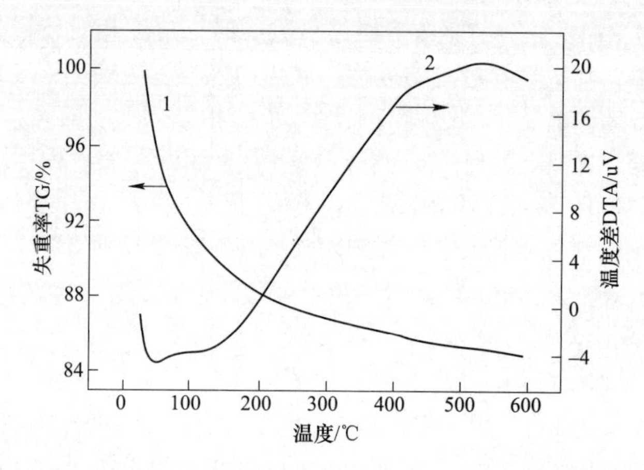


图 2-11 DWCNTs 与钨源前驱体混合物的 TG-DTA 分析图

图 2-11 中曲线 1 反映了样品的质量随温度的升高而发生的变化趋势，曲线 2 的纵坐标表示前驱体与参比物的温度差，曲线向上表示放热反应，向下表示吸热反应。由图 2-11 中曲线 1 可知，前驱体的质量随温度的升高逐渐降低，在 25～100℃范围内的失重速率最大，可能是前驱体中的吸附水挥发的结果；500～600℃范围内的失重速率趋于平衡。图 2-11 中曲线 2 对应地在 40～100℃区间有明显的吸热峰，峰顶在 45℃左右，与 TG 图相一致，可能是 $H_2WO_4$ 失去一个结合水生成了钨酸酐，反应式可能如下：

$$H_2WO_4 \longrightarrow H_2O + WO_3 \tag{2-2}$$

上述分析结果表明，前驱体中可能含有 $H_2WO_4$，还含有部分吸附水。后续考虑在 500～600℃之间对钨源前驱体进行煅烧使其分解。

### 2.4.2 钨源前驱体及其脱水产物的相组成分析

为了解加入 DWCNTs 模板的方式对钨源前驱体的脱水产物的影响，在空气气氛中对 DWCNTs 与前驱体混合物进行化学脱水。具体操作是将混合物放入刚玉坩埚中，并将其推至反应炉中的刚玉管中央部位后，密封反应炉两端，并在两端各留一出入口以控制炉内反应气氛（空气），当将反应炉加热到反应温度（600℃）并保温一段时间后，即可得到分解产物。

采用 XRD 来表征前驱体及其分解产物的结晶度和晶相。图 2-12 中曲线 1 和 2 分别是一步法和二步法法制备的 DWCNTs 与钨源前驱体混合物的 XRD 图。曲线 1 和曲线 2 中都在 $2\theta$ 为 13.6°和 27.0° 处出现衍射峰，并分别对应于石墨碳的（001）和（002）晶面出现的衍射峰，表明一步法和二步法法制备的前驱体中都有石墨碳存在，即 DWCNTs 保留在前驱体中。此外，都在 $2\theta$ 为 16.5°、25.6°、34.1°、38.9°、49.6°、52.7° 处出现了衍射峰，分别对应于（020）、（111）、（200）、（022）、（202）、（222）晶面，与 PDF 卡片 84-0886 中的标准衍射峰一致，表明前驱体为正交晶系结构的 $WO_3 \cdot H_2O$。$2\theta$ 为 14.1°、23°、28.1°、36.7°、55.9°、58.1°、63.4° 处出现的衍射峰，分别对应于（020）、（002）、（220）、（222）、（262）、（440）、（442）晶面，与 PDF 卡片 72-0199 中的标准衍射峰一致，表明前驱体为正交晶系结构的 $WO_3 \cdot 0.33H_2O$。对比曲线 2 和曲线 1 中衍射峰的位置，并没有发生明显变化，说明两种方法制备的钨源前驱体的晶型相似，都含有 $WO_3 \cdot H_2O$ 和 $WO_3 \cdot 0.33H_2O$，但是由于制备方法的不同，相应产物的衍射峰强度有所不同。曲线 1 中的部分衍射峰强度明显高于曲线 2 中相应的衍射峰强度，表明一步法制备的产物的结晶度更高，主要原因是一步法可直接将前驱体 $H_2WO_4$ 沉积在 DWCNTs 表面，有利于 $H_2WO_4$ 成核并长大。

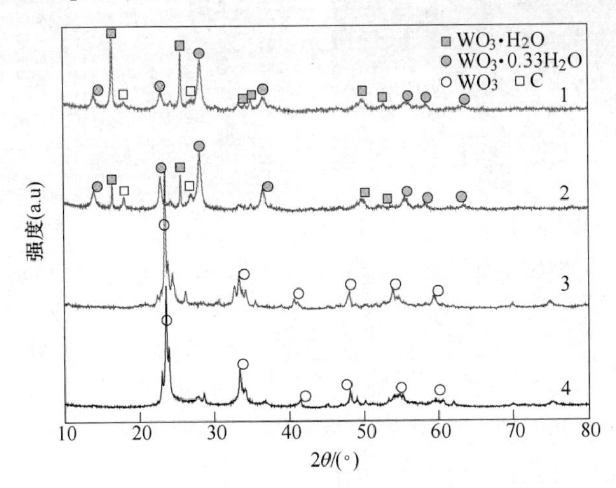


图 2-12　不同方法制备的 DWCNTs 与钨源前驱体混合物及其脱水产物的 XRD 图
1—一步法，DWCNTs 与钨源前驱体混合物；2—一步法，脱水产物；
3—二步法，DWCNTs 与钨源前驱体混合物；4—二步法，脱水产物

图 2-12 中曲线 3 和 4 分别为一步法和二步法制备的前驱体 $H_2WO_4$ 经空气气氛煅烧所得产物的 XRD 图。两条曲线中的 $2\theta$ 均在 23.9°、33.2°、41.4°、49°、54.6° 和 60.5°处出现了分别对应于（110）、（111）、（201）、（220）、（221）和（311）等晶面的衍射峰，表明产物均为正交晶系结构 $WO_3$。曲线 3 中的衍射峰表现出“宽化”的现象，表明一步法制备的 $WO_3$ 的尺寸更小。进一步说明利用一步法可充分发挥模板 DWCNTs 的空间位阻效应，有效降低了 $H_2WO_4$ 的二次团聚，使 $H_2WO_4$ 的尺寸较小，进而降低了其煅烧产物 $WO_3$ 的尺寸。

### 2.4.3　碳纳米管模板对钨酸与氧化钨形貌与尺寸的影响分析

#### 2.4.3.1　碳纳米管模板对钨酸形貌与尺寸的影响分析

为了了解两种不同方式加入 DWCNTs 模板对前驱体 $H_2WO_4$ 的形貌的影响，对 DWCNTs/$H_2WO_4$ 进行了 SEM 观察。由图 2-13（a）可观察到，由一步法所得 $H_2WO_4$ 的形状相对比较均匀，以团簇状存在，有很多孔隙且较为松散，说明一步法可直接将 $H_2WO_4$ 沉积在 DWCNTs 表面，DWCNTs 对前驱体的二次团聚起到了较好的抑制作用。

图 2-13　一步法(a)和二步法(b)制备的 DWCNTs/$H_2WO_4$ 混合物的 SEM 图

由图 2-13（b）可观察到，由二步法所得 $H_2WO_4$ 的尺寸明显比一步法制备的 $H_2WO_4$ 的尺寸更大，有的大于 2μm。主要是因为直接采用液相法制备的前驱体 $H_2WO_4$，在成核与长大过程中因二次团聚，而导致其尺寸较大，虽然后续加入模板 DWCNTs 与其混合，也无法再次将大尺寸 $H_2WO_4$ 分散开，导致 $H_2WO_4$ 的尺寸达到了微米级。可见采用一步法制备前驱体时，DWCNTs 模板对前驱体 $H_2WO_4$ 的二次团聚的抑制效果更好。为了进一步了解上述两种方法制备的前驱体 $H_2WO_4$ 的微观形貌，分别对其进行 TEM 观察。

图 2-14（a）所示为一步法制备的 DWCNTs/$H_2WO_4$ 混合物的 TEM 图，其中 $H_2WO_4$ 呈纳米尺度，直径在 10nm 左右，分布相对比较均匀，形状为类球形。结合制备过程进行分析，主要是因为一步法是直接将均匀分散的 DWCNTs/乙二醇悬浮液与 $Na_2WO_4$ 水溶液进行均匀混合，在低温下向反应体系中滴加盐酸，形成透明的过氧钨酸，再提高反应体系的温度，使溶液中出现的 $H_2WO_4$ 几乎同时在 DWCNTs 表面成核并长大。当 $H_2WO_4$ 在整个溶液中的 DWCNTs 表面上生成时，由于 DWCNTs 管束的阻隔，$H_2WO_4$ 不致于生长过快，从而有效控制了体系中 $H_2WO_4$ 的生长速率。在此过程中，充分利用 DWCNTs 模板，大幅度减小了

$H_2WO_4$ 之间的结合力，有效阻碍了 $H_2WO_4$ 的二次团聚，使最终得到的 DWCNTs/$H_2WO_4$ 混合物中 $H_2WO_4$ 呈类球状，尺寸达到了纳米级。

图 2-14（b）所示为二步法制备的 DWCNTs/$H_2WO_4$ 混合物的 TEM 图。由图可观察到，DWCNTs 管束之间形成更大直径的网络状管束，$H_2WO_4$ 虽然沉积在 DWCNTs 的大管束上，但是由于 $H_2WO_4$ 的二次团聚情况严重，尺寸大于 100nm。结合制备过程分析其原因，主要是因为首先在无模板剂情况下将 $Na_2WO_4$ 与盐酸进行反应，产物 $H_2WO_4$ 之间发生二次团聚，最终形成较大尺寸的 $H_2WO_4$，再将其与 DWCNTs 进行物理混合，此时 DWCNTs 对 $H_2WO_4$ 团聚的阻碍作用不能得到很好的发挥，导致制备的 DWCNTs/$H_2WO_4$ 混合物中 $H_2WO_4$ 的尺寸仍然较大。

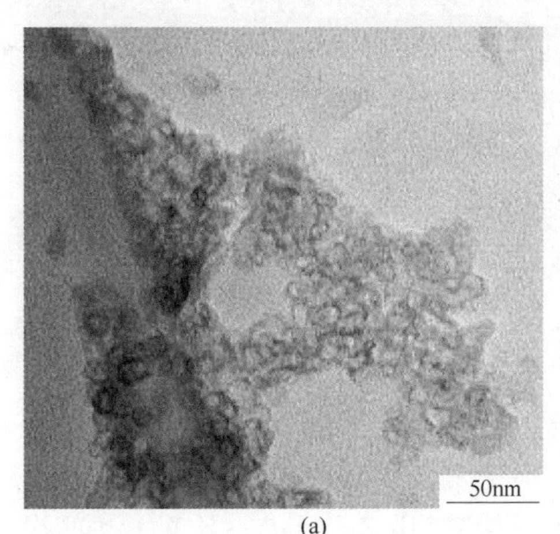


(a)

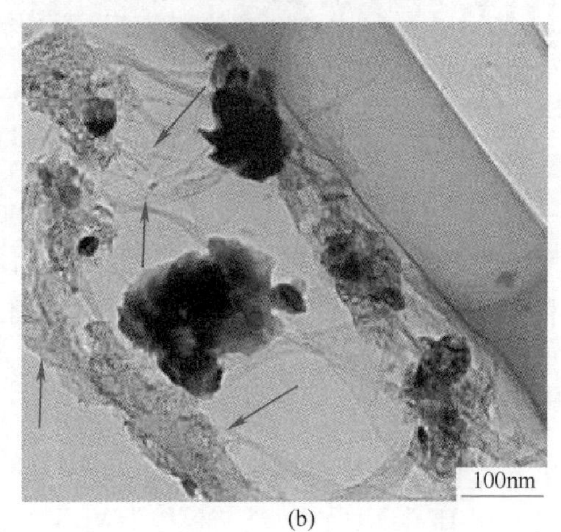


(b)

图 2-14 一步法(a)和二步法(b)制备的 DWCNTs/$H_2WO_4$ 混合物的 TEM 图

### 2.4.3.2 碳纳米管模板对氧化钨形貌与尺寸的影响分析

为进一步了解两种方法（一步法和二步法）中 DWCNTs 模板对 $H_2WO_4$ 二次团聚的抑制作用，在空气条件中对 DWCNTs/$H_2WO_4$ 进行煅烧，除去模板剂 DWCNTs，对产物 $WO_3$ 进行形貌观察。图 2-15 所示为两种方法制备的 $WO_3$ 的 SEM 图。

由图 2-15（a）可观察到，由一步法所得 $WO_3$ 的形状相对比较均匀，属于纳米级的小颗粒或团簇，直径在 200nm 左右。同时，经空气气氛煅烧，伴随 DWCNTs 的消失，$H_2WO_4$ 脱水产物 $WO_3$ 的颗粒之间留下了很多孔隙，说明该方法制备的 $WO_3$ 具有较好的分散性能。由图 2-15（b）可观察到，由二步法所得 $WO_3$ 的形状也较为均匀，$WO_3$ 颗粒之间虽然也因 DWCNTs 的消失存在很多孔隙，但粒径处于微米级范围，尺寸约 2μm。此外，在大颗粒的表面也存在少许小颗粒。为了进一步了解上述两种方法制备的脱水产物 $WO_3$ 的微观形貌，分别对其进行 TEM 观察。

(a)　　(b)

图 2-15　模板一步法(a)和二步法(b)制备的 $WO_3$ 的 SEM 图

图 2-16（a）和（b）所示为一步法制备的脱水产物 $WO_3$ 的 TEM 图。由图可观察到，$WO_3$ 尺寸属于纳米尺度，直径在 50~100nm 范围内。一步法制备的前驱体 $H_2WO_4$ 较分散地沉积在 DWCNTs 表面，由其脱水产生的 $WO_3$ 也较分散，且尺寸较小。图 2-16（c）和（d）所示为二步法制备的脱水产物 $WO_3$ 的 TEM 图。由图可观察到，在较大尺寸的 DWCNTs/$H_2WO_4$ 混合物基础上，经脱水得到的 $WO_3$ 的尺寸仍然较大（1μm 左右）。主要是因为事先在无模板条件下利用液相法制备前驱体 $H_2WO_4$，再将其与模板 DWCNTs 进行混合。由事先合成的 $H_2WO_4$ 因二次团聚没有得到有效抑制，尺寸较大，由其脱水得到的最终产物 $WO_3$ 的尺寸较大，达到微米级。

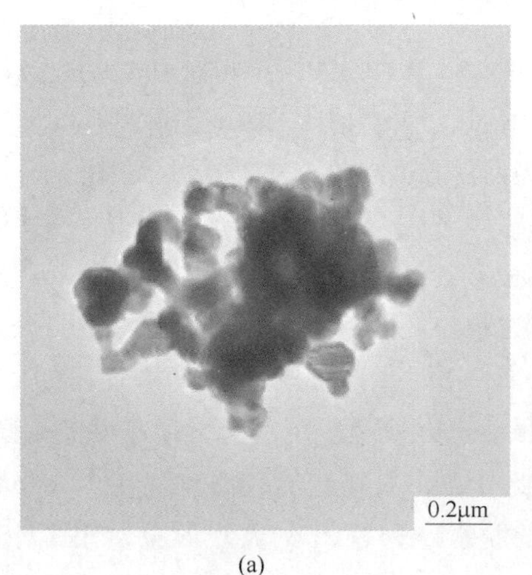


(a)

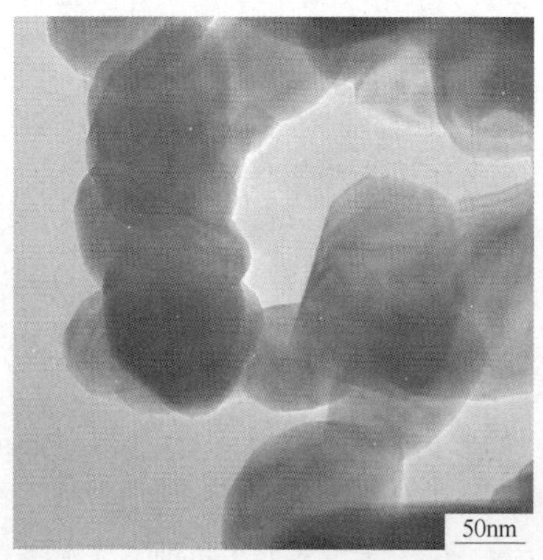


(b)

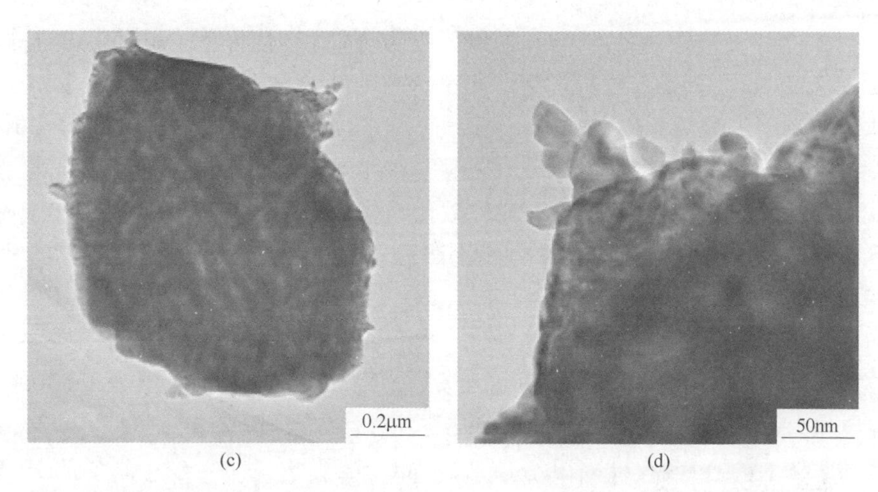


图 2-16　模板一步法(a，b)和二步法(c，d)制备的 $WO_3$ 的 TEM 图

结合图 2-13~图 2-16 可以推测出，DWCNTs 模板的加入方式对前驱体 $H_2WO_4$ 和后续产物 $WO_3$ 的形貌与尺寸有较大影响，同时也说明 $H_2WO_4$ 前驱体的形貌与尺寸将对后续产物 $WO_3$ 的形貌与尺寸产生很大影响。高度分散 DWCNTs 的提前介入（即一步法），为 $H_2WO_4$ 的成核提供了形核点，并抑制了 $H_2WO_4$ 的二次团聚，从而有效降低了 $H_2WO_4$ 的尺寸和后续产物 $WO_3$ 的尺寸。这里涉及到模板剂 DWCNTs 的分散程度、模板剂与钨盐的比例、煅烧温度、煅烧时间等诸多影响因素。

### 2.4.4　氧化钨的吸附性能分析

采用氮气吸附-脱附等温（77K）曲线测定两种方法制备 $WO_3$ 的比表面积，结果如图 2-17 所示。

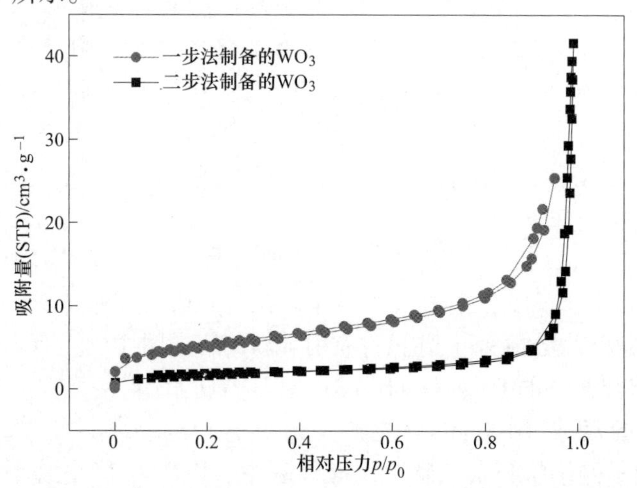


图 2-17　一步法和二步法制备的 $WO_3$ 的氮气吸附-脱附等温曲线

图 2-17 中一步法制备的 $WO_3$ 的氮气吸附-脱附等温曲线在相对压力（$p/p_0$）为 0.35 到 0.95 之间都存在滞后环，类型为 $H_3$，是毛细管凝聚的特征，对应于国际纯粹与应用化学联合会（The International Union of Pure and Applied Chemistry, IUPAC）分类中的第 IV 型等温线。吸附支在相对低压区域有一定的吸附量，表明一步法制备的 $WO_3$ 中存在着一定的微孔结构分布。经过低压区域初步吸附之后，在相对高压区域，氮气吸附量明显增大。氮气吸附量的明显变化表明样品中存在大量的中孔结构分布。图 2-17 中二步法制备的 $WO_3$ 的氮气吸附-脱附等温曲线的形状与一步法制备的 $WO_3$ 的不同，没有明显的滞后现象，并且其整体吸附量有明显降低。由 BET 方法计算出 $H_2WO_4$/DWCNTs 的比表面积为 17.30$m^2/g$，明显大于 DWCNTs/$WO_3$ 的比表面积（6.52$m^2/g$）。主要原因是，通过空气气氛煅烧前驱体 $H_2WO_4$ 的尺寸对其分解产物 $WO_3$ 的影响，即一步法制备的 $H_2WO_4$ 的尺寸明显小于二步法制备的 $H_2WO_4$ 的尺寸，所以，当高温煅烧除去 DWCNTs 后，一步法制备的 $WO_3$ 的尺寸仍小于二步法制备的 $WO_3$ 的尺寸。

此外，由于一步法制备的 $H_2WO_4$ 较均匀地分散在 DWCNTs 管束表面，经空气气氛煅烧，因 DWCNTs 消失在体系中留下的空隙更多。可见，$H_2WO_4$ 在模板剂 DWCNTs 表面的分散性以及尺寸对后续 $WO_3$ 的比表面积及尺寸有很重要的影响。所以在模板法制备前驱体 $H_2WO_4$ 的过程中，可使 $H_2WO_4$ 直接在 DWCNTs 表面成核，充分发挥模板剂 DWCNTs 的隔离和结构调控的作用，为后续有效降低 $H_2WO_4$ 的脱水产物 $WO_3$ 的尺寸提供前提保障。

## 2.5　本章小结

本章利用 CVD 法制备的 DWCNTs 作为原料，并对其进行纯化及无损伤分散研究，在制得分散均匀且稳定的 DWCNTs/乙二醇悬浮液的基础上，分别采用 DWCNTs 模板结合液相反应一步法和二步法制备了前驱体 $H_2WO_4$，之后对其进行化学脱水，得到 $WO_3$。具体是以 $Na_2WO_4$ 为钨源，采用一步法或二步法将 DWCNTs 模板加入到体系中，生成了前驱体 DWCNTs/$H_2WO_4$，再经空气气氛煅烧得到 $WO_3$。对两种方法制备的 $H_2WO_4$ 和 $WO_3$ 的形貌、尺寸及比表面积进行对比研究。主要结论如下：

（1）DWCNTs 管束可以均匀且稳定地分散于乙二醇中。经 SEM 分析，DWCNTs 管束分散均匀，长径比有所减小。拉曼光谱与红外光谱表明 DWCNTs 管束的微观结构没有遭到破坏，并且没有引入新的官能团。

（2）一步法制备的 DWCNTs/$H_2WO_4$ 中 $H_2WO_4$ 的尺寸（10nm）小于二步法所得 $H_2WO_4$ 的尺寸（100nm）。主要是由于一步法制备过程中，均匀分散的 DWCNTs 管束呈网络状遍布在整个反应体系中，$H_2WO_4$ 在此微环境下将会沉积在 DWCNTs 管束表面。一方面由于 DWCNTs 具有比普通 MWCNTs 更为微细的结构（直径为5~10nm，长度1~2μm），因此在反应体系中将会有更多的单个DWCNTs或管束存在，从而为前驱体$H_2WO_4$的沉积提供了大量的载体和形核点；另一方面是由于大量DWCNTs的高度分散，可能形成了空间位阻，控制了$H_2WO_4$的生长速率，使其不致于生长过快，从而大幅度减少了$H_2WO_4$之间的结合力，有效避免了大量已成核$H_2WO_4$的长大聚集，缓解了二次团聚程度，有效保证了$H_2WO_4$的小尺寸。

（3）在空气气氛中对前驱体DWCNTs/$H_2WO_4$进行煅烧，在$H_2WO_4$发生化学脱水反应转变成$WO_3$的过程中，网络状结构DWCNTs发生氧化而消失，通过SEM、TEM及BET观察，得出一步法制备的$WO_3$具有更小尺寸（50~80nm）和更大比表面积（17.30$m^2$/g）。

## 参 考 文 献


[1] Zheng H, Ou J Z, Strano M S, et al. Nanostructured tungsten oxide-properties, synthesis, and applications [J]. Adv. Funct. Mater., 2011, 21 (12): 2175~2196.

[2] Balaji S, Djaoued Y, Albert A S, et al. Construction and characterization of tunable meso-/macroporous tungsten oxide-based transmissive electrochromic devices [J]. J. Mater. Sci., 2009, 44 (24): 6608~6616.

[3] Burda C, Chen X, Narayanan R, et al. Chemistry and properties of nanocrystals of different shapes [J]. Chem. Rev., 2005, 105 (4): 1025~1102.

[4] Huang C C, Xing W, Zhuo S P. Capacitive performances of amorphous tungsten oxide prepared by microwave irradiation [J]. Scripta Mater., 2009, 61 (10): 985~987.

[5] Yoon S, Kang E, Kim J K, et al. Development of high-performance supercapacitor electrodes using novel ordered mesoporous tungsten oxide materials with high electrical conductivity [J]. Chem. Commun., 2011, 47 (3): 1021~1023.

[6] Guo C, Yin S, Yan M, et al. Morphology-controlled synthesis of $W_{18}O_{49}$ nanostructures and their near-infrared absorption properties [J]. Inorg. Chem., 2012. 51 (8): 4763~4771.

[7] Kang E, An S, Yoon S, et al. Ordered mesoporous $WO_{3-x}$ possessing electronically conductive framework comparable to carbon framework toward long-term stable cathode supports for fuel cells [J]. J. Materials Chem., 2010, 20 (35): 7416~7421.

[8] Balaji S, Djaoued Y, Albert A S, et al. Construction and characterization of tunable meso-/macroporous tungsten oxide-based transmissive electrochromic devices [J]. J. Mater. Sci., 2009, 44 (24): 6608~6616.

[9] 庄琳，徐雪青，沈辉，等. 溶胶—凝胶法制备$WO_3$气致变色薄膜 [J]. 光学仪器，2001，23 (5): 92~95.

[10] Salmaoui S, Sediri F, Gharbi N, et al. Hexagonal hydrated tungsten oxide nanomaterials: Hy-

drothermal synthesis and electrochemical properties [ J ] . Electrochim Acta. , 2013, 108: 634~643.

[11] Janáky C, Rajeshwar K, de Tacconi N R, et al. Tungsten-based oxide semiconductors for solar hydrogen generation [J]. Catal. Today, 2013, 199 (1): 53~64.

[12] Pudukudy M, Yaakob Z, Rajendran R. Visible light active novel $WO_3$ nanospheres for methylene blue degradation [J]. Der Pharma Chemica, 2013, 5 (6): 208~212.

[13] Zhao Z G, Miyauchi M. Nanoporous-walled tungsten oxide nanotubes as highly active visible-light-driven photocatalysts [J]. Angew. Chem. Int. Ed. , 2008, 47 (37): 7059~7063.

[14] Hidayat D, Purwanto A, Wang W N, et al. Preparation of size-controlled tungsten oxide nanoparticles and evaluation of their adsorption performance [J]. Mater. Res. Bull, 2010, 45 (2): 165~173.

[15] Bi Y, Li D, Nie H. Preparation and catalytic properties of tungsten oxides with different morphologies [J]. Mater. Chem. Phys. , 2010, 123 (1): 225~230.

[16] 蔡万玲，宿新泰，王吉德．表面活性剂辅助超声合成纳米氧化钨粉体 [J]．中国钨业，2008, 23 (6): 26~28.

[17] Yu B, Tang H, Kong Z, et al. Preparation and characterization of three-dimensional mesoporous crystals of tungsten oxide [J]. Chem Phys Lett, 2005, 407 (1): 83~86.

[18] Han Wenmei, He Junhui. Hydrothermal synthesis of tungsten trioxide with different morphologies and their application in water treatment [J]. J. Imaging Sci. Photochem, 2012, 30 (3): 216~227.

[19] Yue Y F, Qiao Z A, Fulvio P F, et al. Template-Free synthesis of hierarchical porous metal-organic frameworks [J]. J. Am. Chem. Soc. , 2013, 135 (26): 9572~9575.

[20] 尹艳红，吴子平，羊建高，等．一种以模板法制备超细氧化钨的方法：中国，ZL201110192047.9 [P]. 2013-10-2.

[21] Miguel A Correa-Duarte, Jorge Pérez-Juste, Ana Sánchez-Iglesias, et al. Aligning Au nanorods by using carbon nanotubes as templates [J]. Angew. Chem. Int. Ed. , 2005, 44 (28): 4375~4378.

[22] Wu Z P, Wang J N, Ma J. Methanol-mediated growth of carbon nanotubes [J]. Carbon, 2008, 47 (1): 324~327.

# 3 碳纳米管模板调节钨酸及其脱水产物的形貌

## 3.1 概述

材料的结构即维度、形貌、尺寸、比表面积等因素对其光催化、电催化、气敏等性能有着直接影响，如何对这些影响因素实施有效控制，一直是材料、凝聚态物理和材料化学等领域的前沿课题和研究热点[1~3]。其中形貌独特的纳米氧化钨（$WO_3$）制备对扩展其应用具有十分重要的意义[2]。我国是钨资源大国，如能将钨产品的战略目标放在开发附加值高的深加工产品和技术密集型产品上，将会进一步扩大钨资源的应用领域。

模板法辅助合成纳米材料的思想[4~6]是从具有定向调节作用的模板出发，在该模板内部或周围进行化学合成反应，从而生成具有特殊结构的纳米材料，其中模板起到结构限定和导向的作用，从而使合成的产物遗传了模板的结构形貌特征[7~9]。自 1991 年日本 Iijma[10]首次用高分辨电镜发现碳纳米管以来，一维纳米结构材料因其独特的物理、化学、电子学和力学等性能而成为一个新兴的材料家族，由此引起科研人员的极大关注。CNTs 具有特殊的一维结构，其独特的物理结构决定其拥有优异的性能，因此决定其可以作为模板制备出多种一维纳米结构材料。自从通过利用 CNTs 作为模板成功制备钒氧化物纳米管以来，一系列的纳米管、纳米棒和纳米线先后被制备出来，如 $GeO_2$、$V_2O_5$、$WO_3$ 及 $MoO_3$ 等纳米棒，使其在制备纳米结构材料方面具有广阔的应用前景[11~13]，并受到了研究者的广泛关注。但采用 CNTs 作为模板调控制备出不同形貌纳米材料的实例较少[14~16]。针对目前不同形貌材料一般是基于采用不同方法或不同模板制备出来的现状，如果能利用具有一维纳米结构特征的 CNTs 作为模板和形貌调节剂，直接合成零维、一维或二维的纳米材料，将会在现有模板法制备纳米材料的基础上，进一步扩大 CNTs 作为模板剂制备纳米材料的应用范围。

$WO_3$ 的物相结构是在其前驱体 $H_2WO_4$ 缓慢失水过程中被发现的[17]，所以 $WO_3$ 的形貌结构又受其前驱体 $H_2WO_4$ 的形貌结构的影响。因此合理控制其前驱体 $H_2WO_4$ 的微观结构形态，对于后续 $WO_3$ 的物相及微观形态的可控制备有非常重要的意义。由于前驱体 $H_2WO_4$ 主要源于液相合成，$H_2WO_4$ 在液相体系中极易发生团聚[18, 19]，这成为高分散纳米级 $H_2WO_4$ 制备的瓶颈问题。具体可通过采用高分散高比面积的模板缓解 $H_2WO_4$ 的团聚程度并调节 $H_2WO_4$ 的生长方向，从而达到控制后续产物 $WO_3$ 的晶体结构与微观形貌的目的。

综上所述，本章在第 2 章实验研究基础上，提出利用 DWCNTs 作为形貌调节剂来调节 $H_2WO_4$ 的形貌，并将 $H_2WO_4$ 进行化学脱水制备了不同形貌 $WO_3$。具体是以均匀分散于乙二醇中的 DWCNTs 作为模板，将 $H_2WO_4$ 直接沉积于 DWCNTs 管束表面，有效阻止或避免了 $H_2WO_4$ 的二次团聚。经研究发现，模板 DWCNTs 与钨盐（$Na_2WO_4 \cdot 2H_2O$）的摩尔比会对 $H_2WO_4$ 的形貌与尺寸产生影响，得到的 $H_2WO_4$ 呈颗粒状、片状、棒状等形貌，并依附于 DWCNTs 管壁或管束的表面。在此基础上，本章将 $H_2WO_4$ 置于氮气或空气气氛中煅烧，经化学脱水所得的 $WO_3$ 直接遗传了 $H_2WO_4$ 的形貌，也呈现出颗粒状、片状、棒状等形貌。

## 3.2 碳纳米管模板法调节制备钨源前驱体及其脱水产物

在第 2 章确定前驱体 $H_2WO_4$ 与模板剂 DWCNTs 混合方式（模板一步法）的基础上，为了充分发挥模板剂 DWCNTs 对前驱体 $H_2WO_4$ 的形貌调节作用，采用 DWCNTs 与 $Na_2WO_4 \cdot 2H_2O$ 的摩尔比分别为 1∶1、1∶4、1∶7 和 1∶11，通过模板一步法直接将前驱体原位沉积在 DWCNTs 管壁或管束表面，分别制备了一系列 DWCNTs 与前驱体混合物，所用装置如图 2-7 所示。所得前驱体的编号分别记为 R1、R2、R3 和 R4。为了充分体现模板剂对脱水产物的分散作用，煅烧温度提高到 650℃。将前驱体 R1、R2、R3 和 R4 置于氮气气氛中，所得脱水产物分别记为 R5、R6、R7 和 R8。将前驱体 R1、R2、R3 和 R4 置于空气气氛煅烧，所得脱水产物分别记为 R9、R10、R11 和 R12。实验步骤具体如下：

（1）DWCNTs 的分散。将 10mg DWCNTs 置于 100mL 乙二醇中，并在超声波震荡器中分散 8h，得到浓度为 0.1mg/mL 的分散均匀的 DWCNTs/乙二醇悬浮液。

（2）$Na_2WO_4$ 溶液的配置。按照与 DWCNTs 呈一定摩尔比，称取适量的 $Na_2WO_4 \cdot 2H_2O$，完全溶解于去离子水中，得到浓度为 0.01 ~ 0.5mol/L 的 $Na_2WO_4$ 水溶液。

（3）将步骤（1）中分散均匀的 DWCNTs/乙二醇悬浮液直接倒入装有 $Na_2WO_4$ 水溶液的圆底烧瓶中，在油浴条件下采用恒温磁力搅拌器对其进行搅拌，将其混合均匀，在低温下向体系中逐滴加入稀盐酸，调节体系的 pH 值为 2，使体系中形成透明的过氧钨酸，保持没有钨酸出现；再提高油浴温度到 100℃，反应 4h，随后进行真空抽滤、洗涤，真空干燥，得到 DWCNTs 与前驱体混合物。

（4）将步骤（3）中得到的 DWCNTs 与前驱体混合物平铺在刚玉反应舟中，连同刚玉反应舟一同置于管式电阻炉中高温反应区，并向卧式石英反应管中通入氮气或空气，对前驱体进行化学脱水，冷却至常温，取出，即得最终产物。

（5）对反应产物进行 XRD 和 TEM 检测分析。

**表 3-1 实验条件和对应产物**

| DWCNTs 与 $Na_2WO_4 \cdot 2H_2O$ 摩尔比 | 钨源前驱体 | 煅烧温度/℃ | 煅烧时间/h | 氮气气氛脱水产物 | 空气气氛脱水产物 |
|---|---|---|---|---|---|
| 1∶1 | R1 | 650 | 0.5 | R5 | R9 |
| 1∶4 | R2 | 650 | 0.5 | R6 | R10 |
| 1∶7 | R3 | 650 | 0.5 | R7 | R11 |
| 1∶11 | R4 | 650 | 0.5 | R8 | R12 |

## 3.3 钨源前驱体及其脱水产物的实验结果分析

### 3.3.1 钨源前驱体的宏观状态分析

前驱体 R1、R2、R3 和 R4 的宏观状态如图 3-1 所示，从左往右均为 DWCNTs 与前驱体的混合物，所采用的原料中 DWCNTs 与 $Na_2WO_4 \cdot 2H_2O$ 的摩尔比依次为1∶1、1∶4、1∶7 和1∶11。R1 和 R2 不容易碾碎，有丝状物质，符合 DWCNTs 的特征，属于 DWCNTs 与前驱体的混合物，已由 XRD 图（见后文图 3-2）证明。R3 较容易碾碎，几乎没有出现丝状物质，但呈絮状，属于 DWCNTs 与前驱体的混合物，已由 XRD 图（见后文图 3-2）证明。R1、R2 和 R3 的宏观样品颜色都呈墨绿色，符合 XRD 图（见后文图 3-2）中所述 $H_2WO_4$ 的晶体结构相同，且均含有 DWCNTs。R4 宏观颜色呈青灰色，更容易碾碎，呈粉末状。

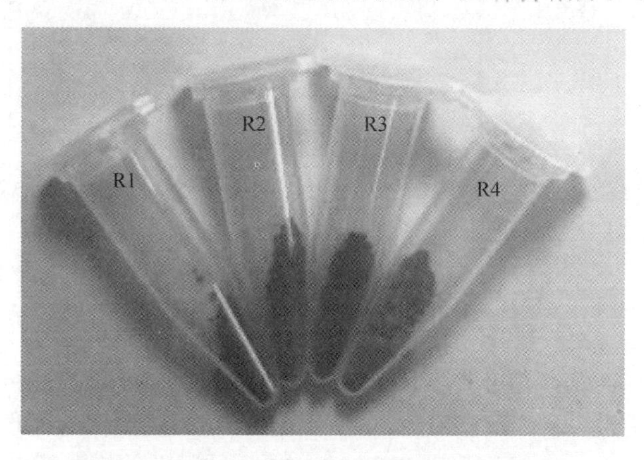


图 3-1 前驱体 R1、R2、R3 和 R4 的宏观状态图

可见，随着钨盐量的增加，前驱体的宏观状态也有所变化。一方面，结合 XRD 图（见后文图 3-2）可知，主要是因为 R4 中晶体结构与 R1、R2 和 R3 的不同；另一方面，结合 TEM 分析（见后文图 3-3），主要是因为随着钨盐量相对含量的增加，由其生成的前驱体在 DWCNTs 表面的沉积量也在增加，导致 $H_2WO_4$ 在 DWCNTs 管束表面的覆盖度增加，从而使产物由丝状向絮状和粉末状变化。

### 3.3.2　钨源前驱体的相组成分析

采用 XRD 分析手段对前驱体 R1、R2、R3 和 R4 进行成分分析。图 3-2 中曲线 1~3 出现的主要衍射峰的位置相同，$2\theta$ 在 16.5°、25.6°、34.1°、34.9° 和 35.0° 等处出现的衍射峰，都分别对应于（020）、（111）、（200）、（002）和（131）等晶面，与 PDF 卡片 01-084-0886 中的标准衍射峰一致，表明产物 R1、R2 和 R3 都属于正交晶系 $WO_3 \cdot H_2O$，说明采用摩尔比为 1∶1、1∶4 和 1∶7 的DWCNTs 和 $Na_2WO_4 \cdot 2H_2O$ 制备出的前驱体（R1、R2、R3）的组成和晶型相同，结合图 3-1 可知，R1、R2 和 R3 的宏观颜色相同，都呈墨绿色。曲线 1~3 中显示的（020）和（111）衍射峰强度呈增大趋势，说明随着 DWCNTs 与 $Na_2WO_4 \cdot 2H_2O$ 的摩尔比的减小，即前驱体在体系中所占比例的增大，有利于提高前驱体在模板剂 DWCNTs 表面的结晶程度。

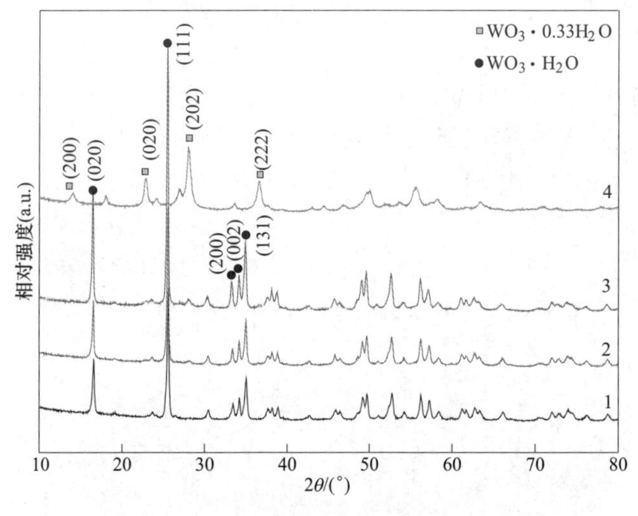


图 3-2　前驱体的 XRD 图

1—R1；2—R2；3—R3；4—R4

由图 3-2 中曲线 4 可知，衍射峰的位置与曲线 1~3 中出现的主要衍射峰的位置不相同，$2\theta$ 在 14.1°、22.96°、28.1° 和 36.6° 等处出现的衍射峰，分别对应于（200）、（020）、（202）和（222）等晶面，与 PDF 卡片 00-054-1012 中的标准衍射峰一致，表明产物 R4 为正交晶系 $WO_3 \cdot 0.33H_2O$，其含有的结晶水比前驱体 R1、R2 和 R3（$WO_3 \cdot H_2O$）的更少。结合图 3-1 可知，R4 的宏观颜色与 R1、R2 和 R3 的有所不同，呈青灰色，主要是因为含结晶水数量和晶型都与 R1、R2 和 R3 的不一样。综上所述，采用不同摩尔比的 DWCNTs 与 $Na_2WO_4 \cdot 2H_2O$，即在采用相同质量 DWCNTs 的条件下，增加 $Na_2WO_4$ 在体系中的比例，得到的前驱体中所含结晶水和晶型也会随之发生变化。

### 3.3.3 钨酸/碳纳米管的微观形态分析

本章采用的模板是 DWCNTs，详细形貌如图 2-4 中 TEM 图所示，其管束表面很洁净并没有出现明显的颗粒物质，管束之间较为分散，呈网络状，没有明显粘连。在反应体系中，以此 DWCNTs 管壁或管束作为模板，为 $H_2WO_4$ 的成核及长大提供了基体支撑保障。以下对以 DWCNTs 作为模板制备的前驱体 R1、R2、R3 和 R4 进行形貌分析。

图 3-3（a）所示是对 DWCNTs 和 $Na_2WO_4 \cdot 2H_2O$ 摩尔比为 1∶1 所制备的前驱体 R1 进行 TEM 观察的结果。可观察到，DWCNTs 管束（如图中黑色箭头所指）仍然与图 2-5 中的管束一样清晰可见，块状或片状前驱体 $H_2WO_4$ 依附在 DWCNTs 管束表面。这主要是由于 $H_2WO_4$ 产量相对于 DWCNTs 的表面积较少，使多数 DWCNTs 管束的表面没有承载 $H_2WO_4$，过剩的 DWCNTs 管束在水和乙二醇体系中，由于水具有较大的表面张力，DWCNTs 管束之间由于范德华力重新黏合在一起，形成较大直径的网络状 DWCNTs 管束。$H_2WO_4$ 优先在网状结构 DWCNTs 管束表面的交联处成核并生长，但生长方向会受到不同方向管束的阻碍，因此当 $H_2WO_4$ 生长到一定程度时，便停止生长，最终形成较大的块状或片状结构。

图 3-3（b）所示是利用 TEM 对 DWCNTs 和 $Na_2WO_4 \cdot 2H_2O$ 的摩尔比为 1∶4 时所得前驱体 R2 进行观察的结果。可发现，模板剂 DWCNTs 管束将前驱体 $H_2WO_4$ 包裹住，DWCNTs 管束间形成的网络结构并没有遭到破坏（如图中黑色箭头所指），与图 2-4（a）显示的 DWCNTs 管束状态相似。反应过程中生成的 $H_2WO_4$ 分散在 DWCNTs 管束网络上，并没有发生明显的堆积，尺寸小于 50nm，说明 DWCNTs 管束对 $H_2WO_4$ 起到很好的分散作用，主要原因是，当反应体系中的 DWCNTs 和 $Na_2WO_4 \cdot 2H_2O$ 的摩尔比为 1∶4 时，DWCNTs 管束的表面积相对于 $Na_2WO_4 \cdot 2H_2O$ 在酸性液体中发生反应生成的 $H_2WO_4$ 量来说，较为合适，致使 DWCNTs 的管束较为分散，没有互相黏附成较大直径的网状管束，因此 $H_2WO_4$ 呈高分散状态在管束表面成核并生长，形成类球形结构。

图 3-3（c）所示是 DWCNTs 和 $Na_2WO_4 \cdot 2H_2O$ 摩尔比为 1∶7 时所得前驱体 R3 的 TEM 图。仍然可以观察到清晰可见的 DWCNTs 管束（如图中黑色箭头所指），$H_2WO_4$ 的形貌与之前得到的前驱体 R1 和 R2 都有所不同，呈一维短棒状结构，并依附在 DWCNTs 管束表面，类似于模板剂 DWCNTs 的一维形貌特征。形成短棒状结构的主要原因是，所采用的 DWCNTs 和 $Na_2WO_4 \cdot 2H_2O$ 的摩尔比为 1∶7 时，$Na_2WO_4$ 在酸性液体中生成的 $H_2WO_4$ 产量相对于 DWCNTs 管束表面来说较多，沿着 DWCNTs 一维结构管束表面进行生长，但不足以铺满 DWCNTs 管束的外表面，所以合成出来的部分 $H_2WO_4$ 呈短棒状结构并负载在 DWCNTs 管束表面，局部保持了模板剂 DWCNTs 的一维结构特征。

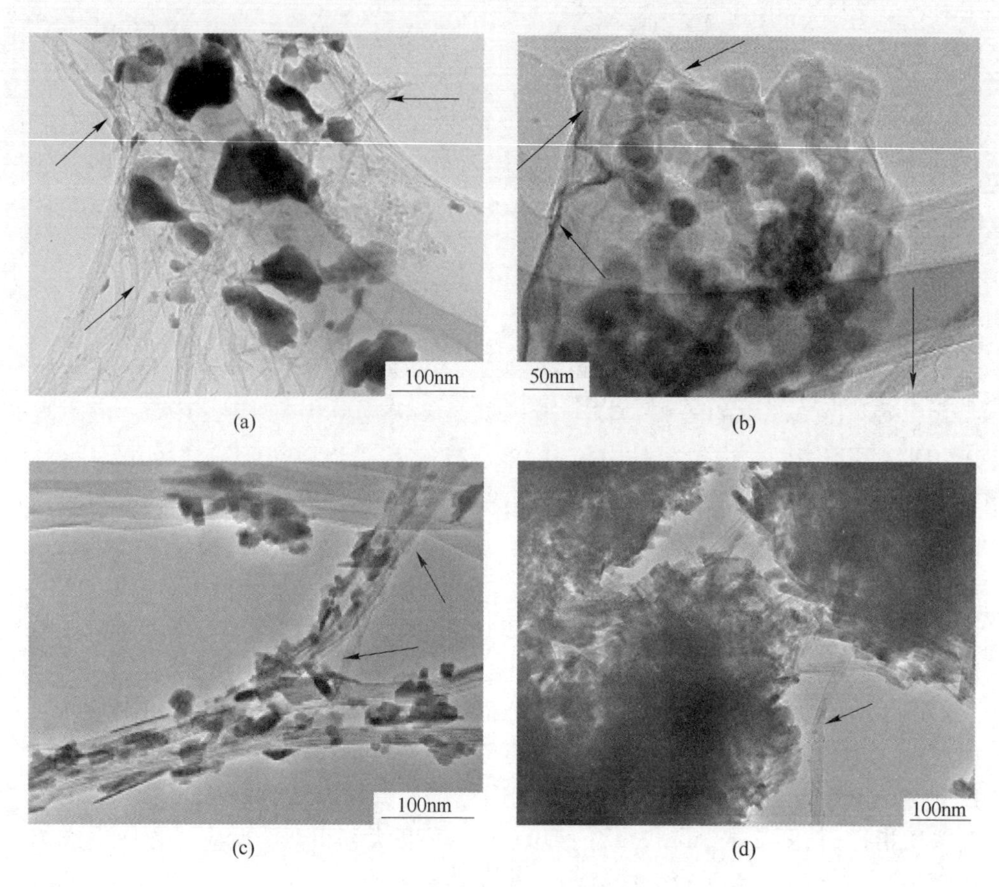


图 3-3　前驱体的 TEM 图
（a）R1；（b）R2；（c）R3；（d）R4

图 3-3（d）所示是 DWCNTs 和 $Na_2WO_4 \cdot 2H_2O$ 摩尔比为 1∶11 时所得前驱体 R4 的 TEM 图。可以发现，只有极少部分清晰可见的 DWCNTs 管束（如图中黑色箭头所指），其余 DWCNTs 管束都被 $H_2WO_4$ 覆盖住。$H_2WO_4$ 的形貌与之前得到的产物 R3 形貌相似，呈一维棒状结构，类似于模板剂 DWCNTs 的一维形貌特征，但长度尺寸明显大于 R3 中 $H_2WO_4$ 纳米棒的长度尺寸。主要是因为，所采用的 DWCNTs 与 $Na_2WO_4 \cdot 2H_2O$ 的摩尔比为 1∶11，$Na_2WO_4$ 在酸性液体中生成的 $H_2WO_4$ 产量相对于 DWCNTs 管束表面来说足够多，可以沿着 DWCNTs 一维结构管束表面进行生长并铺满 DWCNTs 管束的外表面，当其在 DWCNTs 管束表面的长度方向生长到一定程度时，便停止生长。此外，$H_2WO_4$ 在生长过程中，还要沿着网状结构 DWCNTs 管束的直径方向进行生长，当遇到其他交联管束的阻碍时，便停止生长。最终 $H_2WO_4$ 呈现出长棒状结构，保持了模板剂 DWCNTs 的一维结构特征。

综上所述，通过对图 3-3 中前驱体的 TEM 图分析得出，利用 DWCNTs 作为模板剂，$Na_2WO_4 \cdot 2H_2O$ 作为钨源，通过调节 DWCNTs 与 $Na_2WO_4 \cdot 2H_2O$ 之间的摩尔比，可以调节制备出不同形貌与尺寸的前驱体 $H_2WO_4$。

## 3.4　不同形貌钨酸/碳纳米管在氮气气氛中脱水产物的结果分析

### 3.4.1　宏观状态分析

前驱体（R1、R2、R3 和 R4）在氮气气氛中的脱水产物（R5、R6、R7 和 R8）的宏观状态如图 3-4 所示。图 3-4 中从左往右分别为脱水产物 R5、R6、R7 和 R8，它们的宏观颜色分别为黑色、黑色、墨绿色和墨绿色。其中 R5 和 R6 仍然不容易碾碎，有丝状物质，结合后面的 TEM 分析（见后文图 3-5～图 3-7），此丝状物质是 DWCNTs。R5 和 R6 的宏观颜色呈现黑色，在亮处观察呈深蓝色，主要是因为在氮气气氛中煅烧前驱体，产物中黑色的 DWCNTs 与偏蓝的脱水产物共混而造成。根据 XRD 图（见后文图 3-5）可知，R5 和 R6 的晶型为四方相。R7 和 R8 更容易碾碎，呈粉末状，颜色呈现墨绿色，由 XRD 图（见后文图 3-5）可知，R7 和 R8 的晶型为斜方相。结合 TEM 分析（见后文图 3-8 和图 3-9）反映的信息，主要是因为前驱体在氮气气氛中煅烧，黑色的 DWCNTs 与相对较多量的深绿色的脱水产物共混而造成。

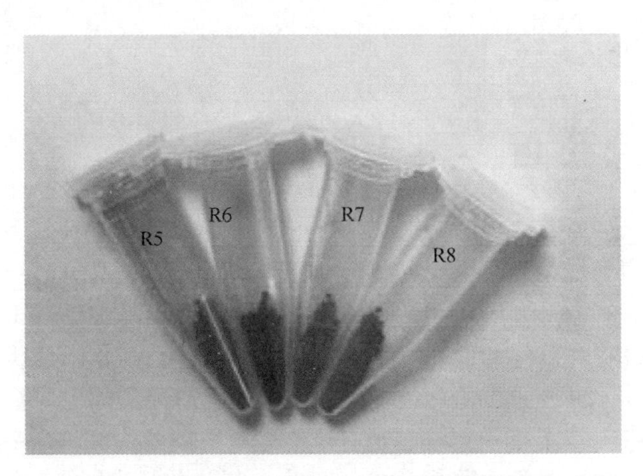


图 3-4　脱水产物 R5、R6、R7 和 R8 的宏观状态图

### 3.4.2　相组成分析

对脱水产物 R5、R6、R7 和 R8 进行结晶度和晶相分析，如图 3-5 所示。从图 3-5 中曲线 1 和 2 可以看出，$2\theta$ 在 22.9°、24.0°、28.6°、33.4° 和 34.2° 等位

置出现的衍射峰一一对应于（001）、（200）、（111）、（201）和（220）等晶面的衍射峰，符合 PDF 卡片 01-087-1287，说明将前驱体 R1 和 R2 置于氮气气氛中于 650℃煅烧，得到的脱水产物 R5 和 R6 均属于四方相 $WO_3$。其中 $2\theta$ 在 24.1° 处对应的（200）晶面的衍射峰最强，说明 $WO_3$ 晶体主要沿着（200）方向生长。虽然没有出现石墨碳的明显衍射峰，但结合 TEM 分析（见后文图 3-6 和图 3-7）中出现的管束，说明产物 R5 和 R6 中仍存在少量 DWCNTs，故 R5 和 R6 的成分为 DWCNTs 和 $WO_3$。

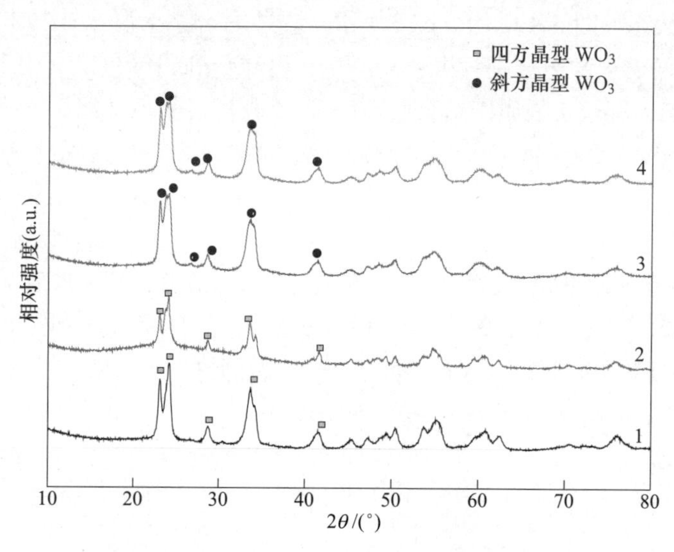


图 3-5 脱水产物 R5、R6、R7 和 R8 的 XRD 图

1—R5；2—R6；3—R7；4—R8

从图 3-5 中曲线 3 和 4 可以看出，$2\theta$ 在 23.0°、24.1°、26.5°、28.8 和 34.0° 等位置出现的衍射峰一一对应于（001）、（200）、（120）、（111）和（220）等晶面的衍射峰，符合 PDF 卡片 00-020-1324，说明将前驱体 R3 和 R4 置于氮气气氛中于 650℃煅烧，得到的脱水产物 R7 和 R8 均属于斜方相 $WO_3$。其中 $2\theta$ 在 24.1° 处对应的（200）晶面的衍射峰最强，说明 $WO_3$ 晶体主要沿着（200）方向生长。$2\theta$ 在 26.5° 处的衍射峰，也有可能是石墨碳的（002）晶面出现的衍射峰与 $WO_3$ 的（120）晶面的重叠。结合 TEM 分析（见后文图 3-8 和图 3-9）反映的信息，说明样品中还存少量 DWCNTs，因此，前驱体 R3 和 R4 在氮气气氛中的脱水产物 R7 和 R8 的成分都是 DWCNTs 和 $WO_3$。

### 3.4.3 微观形态分析

为了观察模板剂 DWCNTs 对前驱体 $H_2WO_4$ 在氮气气氛中脱水产物的形貌调

节作用，将上述制备的前驱体（R1、R2、R3、R4）在氮气气氛中的脱水产物R5、R6、R7和R8进行TEM观察并分析。

#### 3.4.3.1　脱水产物R5的TEM分析

将DWCNTs与$Na_2WO_4 \cdot 2H_2O$摩尔比为1∶1所得前驱体R1在氮气中煅烧，所得脱水产物R5的组成由图3-5（a）确定为DWCNTs/$WO_3$，其形貌如图3-6所示。

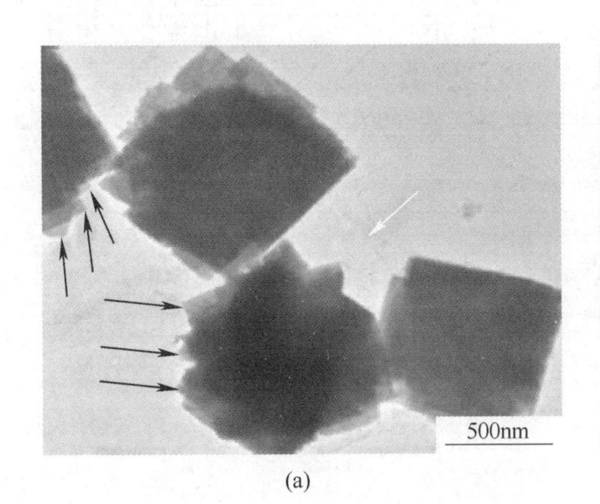

(a)

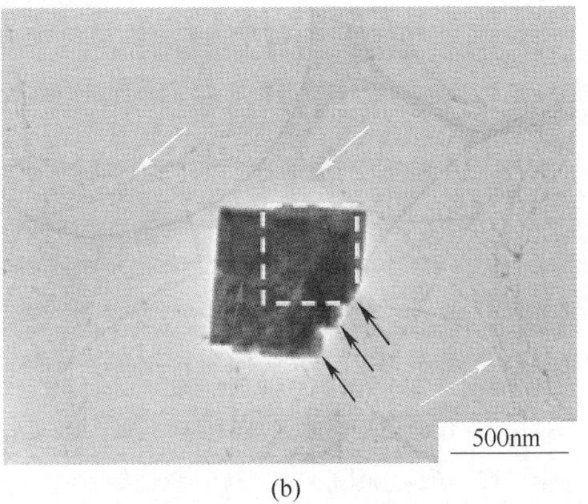

(b)

图3-6　脱水产物R5的TEM图

从图3-6（a）可以观察到，DWCNTs管束仍然清晰可见（如白色箭头所指），并且保持原来的形貌（详见图2-4）。片状$WO_3$依附在DWCNTs管束表面，但相对于DWCNTs管束来说，$WO_3$尺寸显得更大，边长为700nm左右，形貌和其前驱体$H_2WO_4$类似（见图3-3（a）），呈四方片状，并且有部分纳米片之间相互错落交叠在一起（如图中蓝色箭头所指）。说明当反应体系中的DWCNTs与$Na_2WO_4 \cdot 2H_2O$的摩尔比为1∶1时，DWCNTs相对于量来说显得过剩，具有较大表面张力的水使DWCNTs收缩成较大的网络结构，新生成的$H_2WO_4$容易在网络交织的区域形核生长，形成具有较大尺寸的片状$H_2WO_4$。煅烧$H_2WO_4$获得的$WO_3$遗传了$H_2WO_4$的片状结构，依然依附于DWCNTs的网络结构表面。

对图3-6（a）中的局部纳米片进行放大观察，得到图3-6（b），可以发现四方片状$WO_3$的边角棱角较为尖锐，有纳米片重叠现象（如图3-6（b）中的蓝色箭头所指）。结合大尺寸纳米片表面有颜色较浅的区域（如图中红色箭头所指），因此可以得出结论，大尺寸纳米片是由小尺寸纳米片（如图中白色虚线框所指）错落交叠在一起而形成。分析其原因，主要是因为DWCNTs的网络结构状管束错综复杂地交织在一起，致使依附其表面的 $H_2WO_4$ 脱水生成的 $WO_3$ 纳米片也错落交叠。

3.4.3.2　脱水产物 R6 的 TEM 分析

将 DWCNTs 与 $Na_2WO_4 \cdot 2H_2O$ 摩尔比为 1∶4 所得前驱体 R2 在氮气中进行煅烧，所得脱水产物 R6 的组成由图 3-5（b）确定为 DWCNTs/$WO_3$，其形貌和晶格间距等信息如图 3-7 所示。由上述图 3-5 中的 XRD 结果可知，将前驱体 R2 在氮气气氛中于 650℃煅烧 0.5h 后生成的脱水产物 S6，由图 3-7（a）可知，S6 中 $WO_3$ 的形貌呈类椭圆形并依附在网络状 DWCNTs 管束表面，长度为 8~30nm，宽为 8~20nm。对图 3-7（a）中局部区域进行放大，如图 3-7（b）所示，可清晰地发现前驱体 R2 经氮气气氛煅烧，所得脱水产物 R6 中存在直径为 20nm 的管束，与图 2-4（a）和（b）中的 DWCNTs 的形貌相似，属于 DWCNTs。大量实验表明，当 $H_2WO_4$ 经化学脱水形成的 $WO_3$产量不足以铺满 DWCNTs 的表面时，具有较高分散性的纳米尺寸 $WO_3$会依附于 DWCNTs 管束进行生长，同时保留 DWCNTs 管束间形成的网络结构并使它不受到破坏，说明 DWCNTs 管束有效防止了 $WO_3$ 因二次团聚而出现的堆积，DWCNTs 管束对氮气气氛煅烧过程中形成的 $WO_3$ 起到支撑和隔离作用。

对脱水产物 R6 进行 TEM 分析的同时，进行了 EDS 分析，如图 3-7（c）所示，EDS 分析表明 R6 主要由 C、O、W 和 Cu 元素组成，其中 Cu 主要来自于在 TEM 样品制备过程中，用于支撑粉末样品的铜网。W 与 O 的原子比例略大于 1∶3，说明在氮气环境中对前驱体进行煅烧，脱水产物 R6 中存在氧缺陷。观察宏观样品，颜色呈现黑色（见图 3-4 中 R6 样品的宏观状态），在亮处观察呈深蓝色，因为脱水产物 R6 中的黑色 DWCNTs 与生成的少量偏蓝的 $WO_3$ 共混而造成。偏蓝的 $WO_3$ 主要是因为存在氧缺陷。由图 3-7（d）可知，晶格间距表明 DWCNTs 管束表面负载的 $WO_3$ 具有较高的结晶结构。对晶格间距进行测量，其值分别为 0.37nm 和 0.39nm，分别对应于 $WO_3$ 的（200）和（001）晶面。此结果与图 3-4 中的 XRD 结果相符合。图 3-7（d）中的内插图是对图 3-7（d）中的区域进行快速傅里叶变换，可观察到，$WO_3$ 主要沿着（200）和（001）晶面方向生长，与图 3-7（d）中的 HRTEM 结果相符合。图 3-7（e）和（f）所示为对产物 R6 进行面扫描的结果。其中图 3-7（e）中黑白照片反映了 R6 的形貌，图 3-7（f）是通过能量色散谱仪进行表面扫描对 R6 的元素分布密度进行分析。所选区域由 C、O 和 W 等三种元素组成，结合图 3-5 中 XRD 以及图 3-7（a）和（b）中 TEM 分析结果，可知 R6 主要由 $WO_3$ 和 DWCNTs 组成。

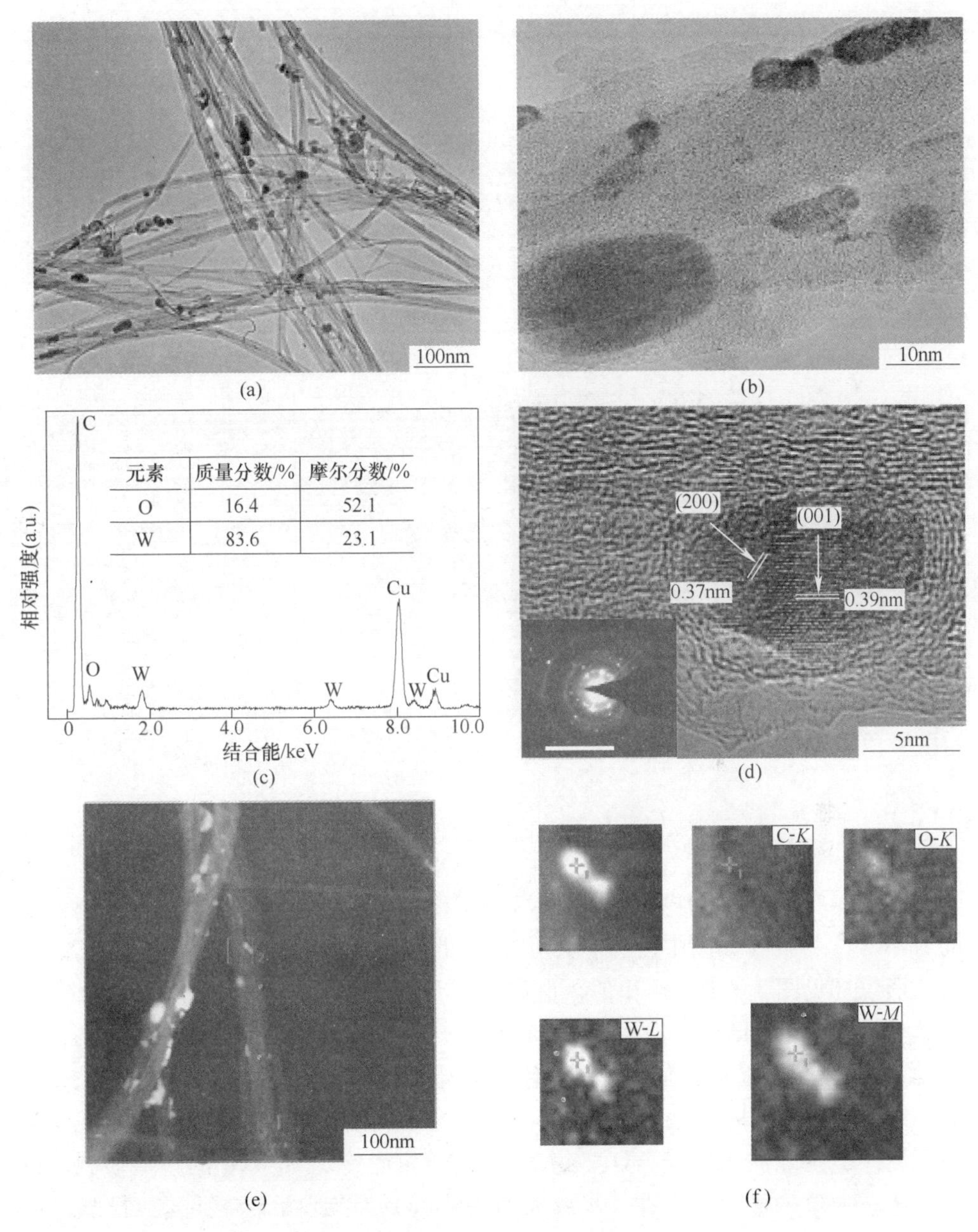


图 3-7 脱水产物 R6 的 TEM（a，b）、EDS 分析(c)、HETEM(d)、SEDA（(d) 中内置插图）和 STEM(e，f) 图

### 3.4.3.3 脱水产物 R7 的 TEM 分析

将 DWCNTs 与 $Na_2WO_4 \cdot 2H_2O$ 摩尔比为 1∶7 所得前驱体 R3 在氮气中煅烧。所得脱水产物 R7 的组成由图 3-5 确定为 DWCNTs/$WO_3$，其形貌如图 3-8 所示。

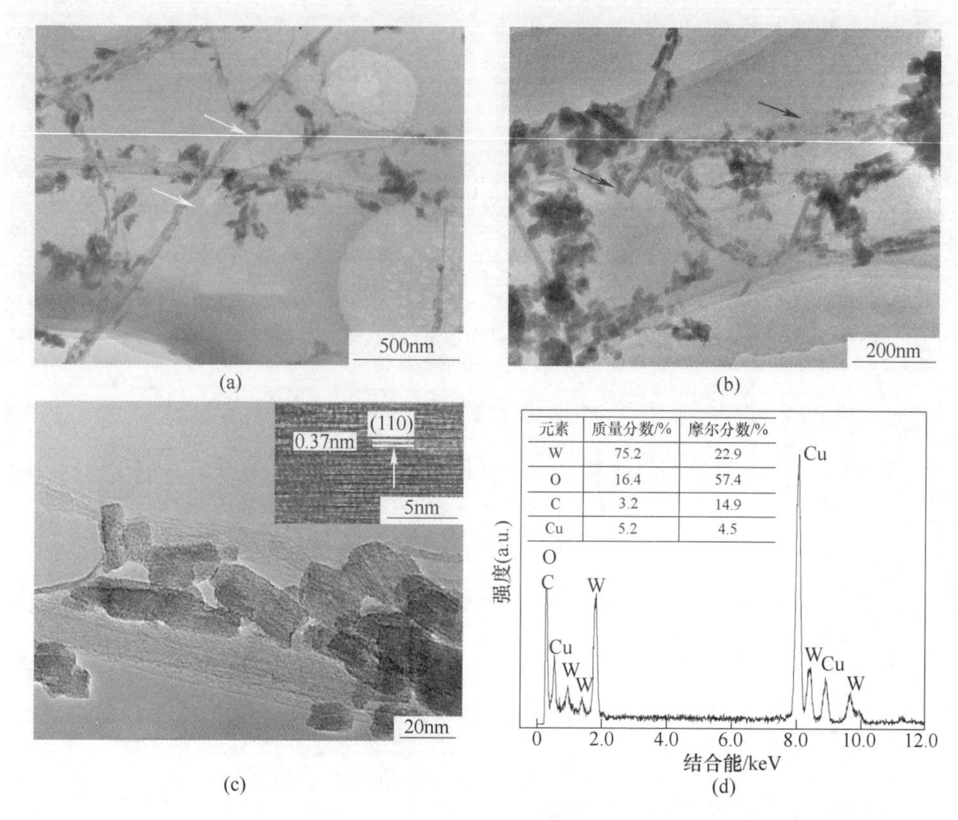


| 元素 | 质量分数/% | 摩尔分数/% |
|---|---|---|
| W | 75.2 | 22.9 |
| O | 16.4 | 57.4 |
| C | 3.2 | 14.9 |
| Cu | 5.2 | 4.5 |

图 3-8　脱水产物 R7 的 TEM 图

与图 2-4 所展示的 DWCNTs 的形貌相似，在图 3-8（a）中可观察到清晰可见的 DWCNTs 管束（如图中白色箭头所指），此外还可发现，$WO_3$ 的形貌与其前驱体的形貌（见图 3-3（c））相似，也类似于 DWCNTs 模板的一维结构形貌特征，多数呈一维短棒状结构，说明加大 $Na_2WO_4 \cdot 2H_2O$ 在反应体系中所占的比例，获得的 $H_2WO_4$ 产量有所增加，可以使 $H_2WO_4$ 沿着 DWCNTs 管束表面进行生长，形成一维纳米棒状结构（见图 3-3（c）中 $H_2WO_4$ 的形貌），之后将其在氮气气氛中煅烧，$H_2WO_4$ 脱水形成 $WO_3$，绝大部分 $WO_3$ 遗传了 $H_2WO_4$ 的短棒形貌，也形成了一维短棒状结构。进一步放大图 3-8（a），得到图 3-8（b），可观察到，$WO_3$ 纳米棒的直径约 15nm，长度大于 40nm。除此短棒以外，还有部分颗粒状 $WO_3$ 黏附在 $WO_3$ 短棒表面（如黑色箭头所指）。分析其原因，一方面是因为没有沉积在 DWCNTs 模板上的 $H_2WO_4$ 呈颗粒状态，脱水后转化成颗粒状 $WO_3$；另一方面是由于部分短棒状 $H_2WO_4$ 脱水转化形成 $WO_3$ 的过程中，DWCNTs 收缩致使其发生局部折断，形成了颗粒状 $WO_3$。图 3-8（c）显示，$WO_3$ 呈短棒状依附于 DWCNTs 的表面，内插图中 HRTEM 显示 $WO_3$ 具有较高的结晶结构。对晶格间距进行测量，晶面间距 0.37nm 分别对应于 $WO_3$ 的（110）晶面。图 3-8（d）显示，微区成分的 EDS 分析表明产物由 C、O、W 和 Cu 组成，其中 W 和 O 的原子比例略小于 1∶3，主要是因为氮气气氛中煅烧，导致产物 $WO_3$ 的表面部分缺氧。EDS 中 Cu 主要来自于在 TEM 样品制备过程中用于支撑粉末样品的铜网。

#### 3.4.3.4 脱水产物 R8 的 TEM 分析

将 DWCNTs 与 $Na_2WO_4 \cdot 2H_2O$ 的摩尔比为 1∶11 所得前驱体 R4 在氮气中进行煅烧，产物 R8 的组成由图 3-5 确定为 DWCNTs/$WO_3$，其形貌如图 3-9 所示。

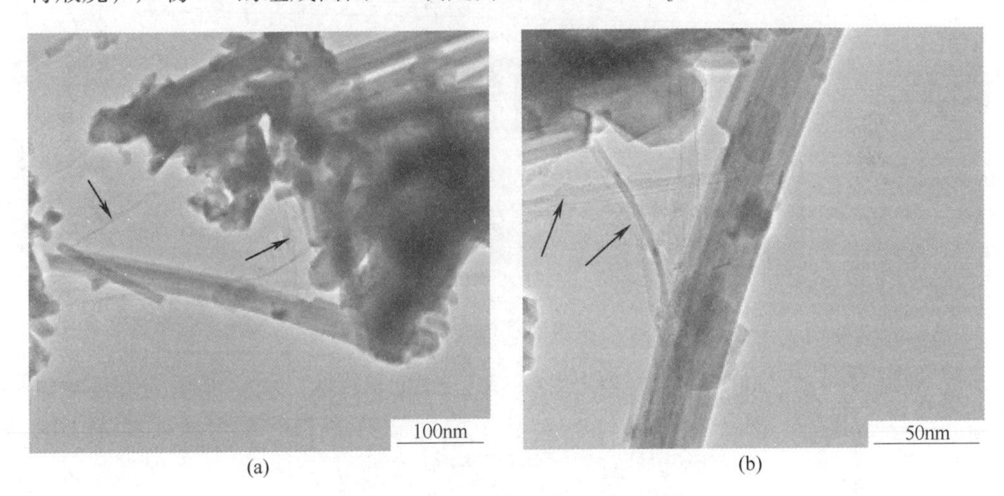


图 3-9 脱水产物 R8 的 TEM 图

从图 3-9（a）中可观察到清晰可见的 DWCNTs 管束（如黑色箭头所指），与图 2-4 中所展示的 DWCNTs 形貌相似，此外，$WO_3$ 的形貌与其前驱体 R4（见图 3-3（d））的形貌相似，也类似于 DWCNTs 模板的一维结构形貌特征，呈一维长棒状结构。除了棒状物以外，还有少许 $WO_3$ 颗粒处于 $WO_3$ 纳米棒的表面或间隙中。进一步放大图 3-9（a），得到图 3-9（b），可以观察到，$WO_3$ 纳米棒的直径约 40nm，部分纳米棒的长度大于 500nm，可见，该纳米棒的直径与长度明显大于 R7 的直径与长度。说明加大 $Na_2WO_4 \cdot 2H_2O$ 在反应体系中的比例，体系中 $H_2WO_4$的产量增加，几乎同时占据了 DWCNTs 的表面，可以使 $H_2WO_4$ 沿着 DWCNTs 管束表面的长度和直径方向进行生长，形成一维纳米棒状结构（见图 3-3（d）），之后经煅烧形成的 $WO_3$ 直接复制了 $H_2WO_4$ 的形貌，也形成了一维纳米棒状结构，主要是因为拥有足够机械力的 DWCNTs 为 $H_2WO_4$ 纳米棒转化为 $WO_3$ 纳米棒的过程提供强大的支撑。此外，$WO_3$ 纳米棒的表面同样粘附有少许颗粒状 $WO_3$，与产物 R7 相似。

## 3.5　不同形貌钨酸/碳纳米管在空气气氛中脱水产物的结果分析

### 3.5.1　宏观状态分析

将前驱体 R1、R2、R3 和 R4 置于空气气氛中进行脱水，得到的脱水产物分别记为 R9、R10、R11 和 R12，其宏观状态如图 3-10 所示。

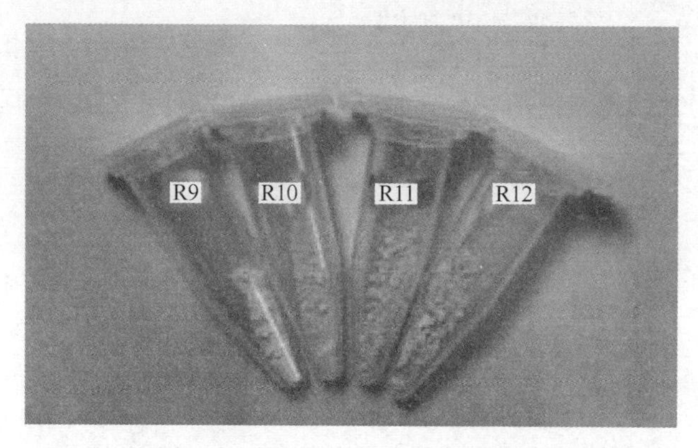


图 3-10　脱水产物 R9、R10、R11 和 R12 的宏观状态图

图 3-10 中从左往右分别为脱水产物 R9、R10、R11 和 R12。它们的宏观颜色显示均为浅黄色，都容易碾碎，呈粉末状。结合 XRD 图和 TEM 分析（见后文图 3-11~图 3-17），主要原因是在空气气氛中于 650℃ 煅烧，DWCNTs 发生氧化反应而消失，$H_2WO_4$ 转变为 $WO_3$，所以产物的宏观颜色仅为 $WO_3$ 的宏观颜色，又因为在富氧条件下，几乎不存在氧缺陷，所以产物呈现浅黄色。此外，脱水产物中不含 DWCNTs，所以都呈粉末状，容易碾碎。

结合以上分析可知，即使 R4 与 R1、R2 和 R3 的晶型不同，但经空气气氛煅烧，所得脱水产物的宏观颜色相同。

### 3.5.2　相组成分析

对脱水产物 R9、R10、R11 和 R12 进行成分分析，如图 3-11 所示。

图 3-11 中曲线 1~4 的主要衍射峰的位置相同，$2\theta$ 在 23.1°、23.6°、24.3°、26.6°、28.6°、28.9°、33.3° 和 34.2° 等处的衍射峰，分别对应于（002）、（020）、（200）、（120）、（112）、（$\bar{1}$12）、（202）等晶面，与 PDF 卡片 01-072-0677 中的标准衍射峰一致，表明产物 R9、R10、R11 和 R12 都属于单斜晶系结构 $WO_3$。说明采用不同摩尔比的 DWCNTs 和 $Na_2WO_4 \cdot 2H_2O$ 制备出的前驱体在空气气氛中煅烧所得产物的组成和晶型相同。即使前驱体 R1、R2、R3 和 R4 的晶型不同，但经空气气氛脱水，除去 DWCNTs 后所得脱水产物 R9、R10、R11 和 R12 的晶型一样，都属于单斜型。

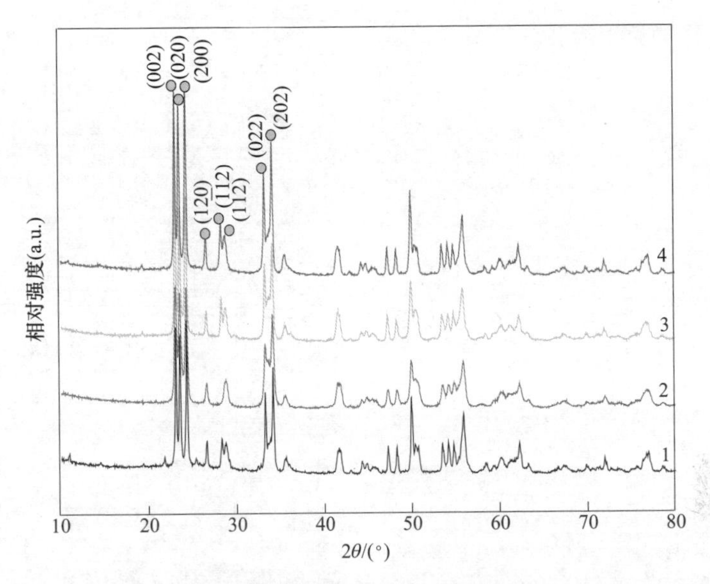


图 3-11 脱水产物 R9、R10、R11 和 R12 的 XRD 图

1—R9；2—R10；3—R11；4—R12

### 3.5.3 微观形态分析

对脱水产物 R9、R10、R11 和 R12 进行形貌观察与分析。

#### 3.5.3.1 碳纳米管与钨酸钠的摩尔比为 1∶1

将 DWCNTs 与 $Na_2WO_4 \cdot 2H_2O$ 摩尔比为 1∶1 所得的前驱体 R1 在空气中进行煅烧，所得产物 R9 的组成由图 3-11 确定是 $WO_3$。直接将其粉末置于扫描电镜下进行观察，其形貌如图 3-12 所示。

由图 3-12（a）可观察到，R9 的形貌似颗粒状，尺寸较为一致，分布较为均匀。对其进一步放大，得到图 3-12（b），发现有的颗粒形貌呈类圆形（如图中红色虚线框所指），有的颗粒形貌呈矩形（如图中蓝色箭头所指）。经观察，类圆形表面属于样品的正面图像，矩形表面属于样品的侧面图像，说明颗粒实际是呈类圆形片状结构，且厚度尺寸较小。进一步对图 3-12（b）中局部区域进行放大，得到图 3-12（c）和（d），其中图 3-12（d）中蓝色箭头所指的片状结构 $WO_3$ 的厚度为 100nm 左右（如图中蓝色箭头所指），直径大于 1μm（如红色双箭头所指）。有些 $WO_3$ 纳米片有棱角（如图中红色单箭头所指），形貌呈四方状，但棱角较为圆滑。此外，纳米片之间有相互堆积在一起的现象，疑似纳米片是由于较薄的部分 $WO_3$ 纳米片之间相互粘连在一起的结果。

图 3-12　脱水产物 R9 的 SEM 图

为了进一步了解图 3-12 中所示 $WO_3$ 的团聚情况，将少许样品在无水乙醇中进行超声分散，再取样滴在硅片上，待乙醇挥发后，进行 SEM 观察，如图 3-13 所示。

与图 3-12 相比，图 3-13（a）中 $WO_3$ 纳米片之间黏附现象有所减轻，尺寸较为均匀。进一步放大倍数，得到图 3-13（b），$WO_3$ 纳米片呈四方状，部分棱角较为圆滑。$WO_3$ 纳米片之间相互粘连现象不明显。结合图 3-12 和图 3-13 的结果分析，前驱体 R1 在空气气氛中煅烧制备的 R9 呈四方片状结构，遗传了前驱体 R1 中 $H_2WO_4$ 的形貌（见图 3-3），与氮气气氛中制备的 R5 中 $WO_3$ 的形貌（见图 3-6）也相似，但比 R5 中 $WO_3$ 的棱角显得更圆滑。主要原因是，采用 DWCNTs 和 $Na_2WO_4 \cdot 2H_2O$ 摩尔比为 1∶1 制备前驱体过程中，$H_2WO_4$ 产量相对于 DWCNTs 的表面积较少，DWCNTs 显得过剩，导致管束之间由于范德华力粘连在一起，形成直径较大的网络状管束。当 $H_2WO_4$ 沉积在 DWCNTs 管束上形核生长时，生成的 $H_2WO_4$ 的直径较大。在空气气氛中煅烧，$H_2WO_4$ 脱水转化 $WO_3$，$WO_3$ 的形貌受到不同因素的影响。一方面，模板 DWCNTs 会发生氧化反应而消

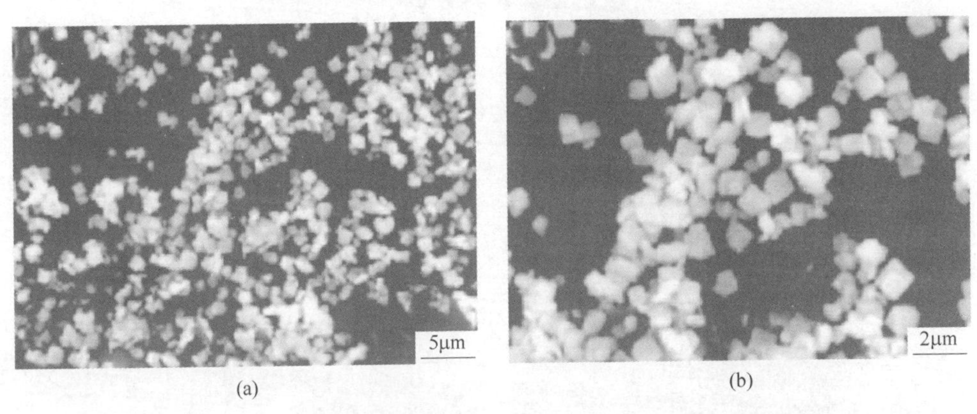


(a)　(b)

图 3-13　脱水产物 R9 的 SEM 图

（经乙醇分散后测试）

失，生成的二氧化碳气流冲刷着 $WO_3$；另一方面，由于 DWCNTs 的消失时会发生不同程度的收缩，$WO_3$ 失去模板的支撑，并且其棱角受到力的作用也发生不同程度的收缩，因此棱角较为圆滑。而在氮气气氛中煅烧，DWCNTs 不会发生氧化反应而生成二氧化碳气流冲刷 $WO_3$ 的棱角。所以空气气氛中煅烧前驱体所得产物 R9 中 $WO_3$ 的边缘比氮气气氛中所得产物 R5 中 $WO_3$ 的边缘更为圆滑。

为了进一步观察图 3-13 中 $WO_3$ 纳米片的微观形貌，取少许样品在无水乙醇中，配成很稀的溶液，置于超声波清洗器中进行分散，分散均匀后，再取样滴在铜网上，待乙醇挥发后，利用 TEM 对其进行详细观察，如图 3-14 所示。

观察图 3-14（a），并与图 3-12 和图 3-13 相比，$WO_3$ 纳米片之间黏附现象有所减轻，四方状的边缘较样品 R5（见图 3-6）更为圆滑（见图 3-14（a）中的第 1 区域），甚至有的呈圆形（见图 3-14（a）中的第 2 区域）。但形貌基本与 R5 相似。进一步放大图 3-14（a）中的第 1 区域倍数，如图 3-14（b）所示，$WO_3$ 纳米片多数都呈四方状，边长约为 2μm，但棱角较为圆滑。仔细观察发现，样品的边缘颜色有深有浅，呈错落状排列，如蓝色箭头所指；而内部颜色较深，但也发现有浅色的条纹出现，如白色箭头所指。这说明图中显示的第 1 区域是由很多大小不一的纳米片之间相互粘连而成，但是由于纳米片重叠的边缘几乎一致，所以仍呈四方状。

进一步放大图 3-14（a）中的第 2 区域，得到图 3-14（c），类圆形的 $WO_3$ 纳米片，边缘颜色有深有浅，也呈现错落排列，如蓝色箭头所指；内部颜色较深，但是也出现了颜色较浅的条纹，如白色箭头所指。这说明图中显示的第 2 区域与第 1 区域相似，是由很多纳米片重叠而成。

为了详细了解 $WO_3$ 的形貌，进一步对图 3-14（c）中的蓝色箭头所指的边缘进行放大，如图 3-14（d）所示，发现所选的边缘都是由四方状的纳米片组成。其中用红色双箭头所指的典型纳米片的边缘长度为 300nm 左右。说明类圆形的

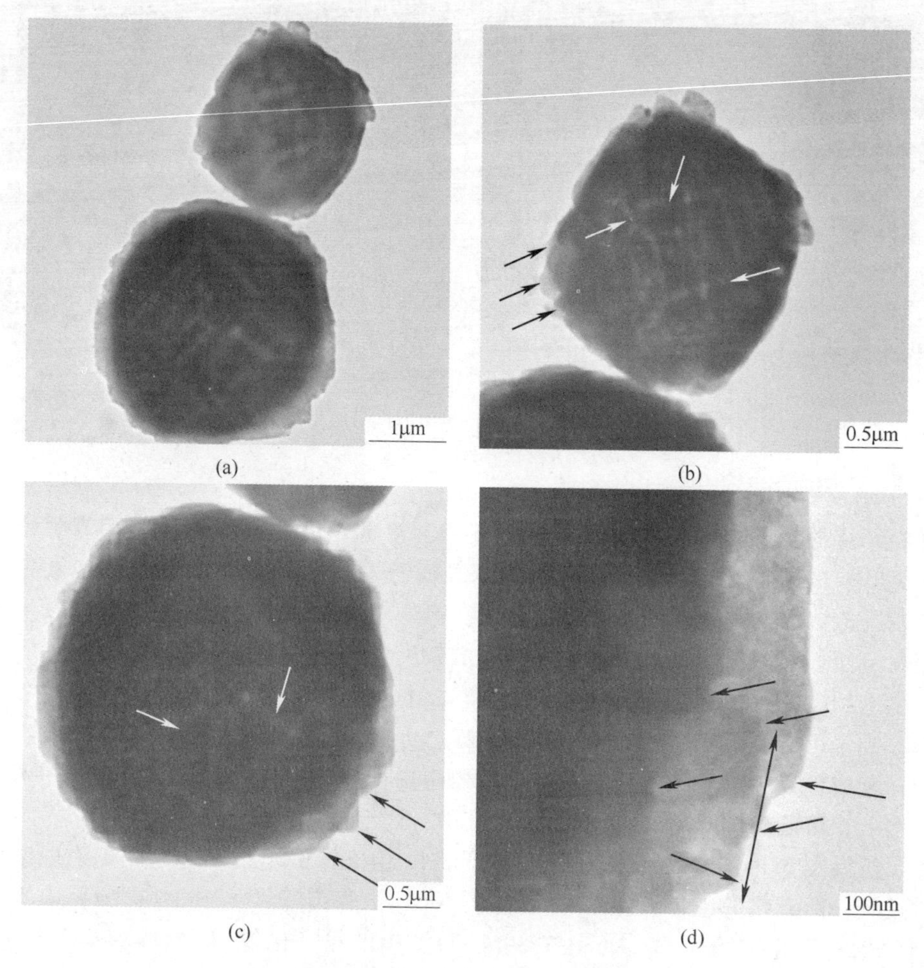


图 3-14 脱水产物 R9 的 TEM 图

$WO_3$ 纳米片疑似由四方状且角部圆滑的 $WO_3$ 纳米片重叠而成。经仔细观察，发现类圆形的 $WO_3$ 纳米片的边缘呈错落重叠，确定 $WO_3$ 是由较薄的纳米片组合而成，所以呈现类圆形。结合图 3-14（b）和（c），发现第 2 区域中样品的颜色比第 1 区域中样品颜色更深，说明第 2 区域的样品厚度大于第 1 区域的样品厚度。意味着重叠在一起的纳米片越多，形成类圆形的大尺寸纳米片的概率越大。

综上所述，结合图 3-12~图 3-14 可知，R9 主要呈棱角较为圆滑的四方片状纳米结构，其中少数类圆形的片状结构是由很多四方结构的纳米片组合而成。而当煅烧温度高于 650℃ 时，DWCNTs 发生氧化而消失，生成的纳米片失去了 DWCNTs 的支撑，相互吸附在一起，如果纳米片的边缘部位基本重合时，则形成的大尺寸纳米片呈四方形，如果纳米片的边缘部位错落排列时，则形成的大尺寸纳米片呈类圆形。

### 3.5.3.2 碳纳米管与钨酸钠的摩尔比为 1：4

将 DWCNTs 与 $Na_2WO_4 \cdot 2H_2O$ 摩尔比为 1：4 所得的前驱体 R2 在空气中进行煅烧，所得产物 R10 的组成由图 3-11 确定为 $WO_3$，其形貌如图 3-15 所示。观察图 3-15（a），没有出现管束状的 DWCNTs，说明在 650℃空气气氛中煅烧可以除掉 DWCNTs。产物呈颗粒状，尺寸在 100nm 左右，分散较为均匀。

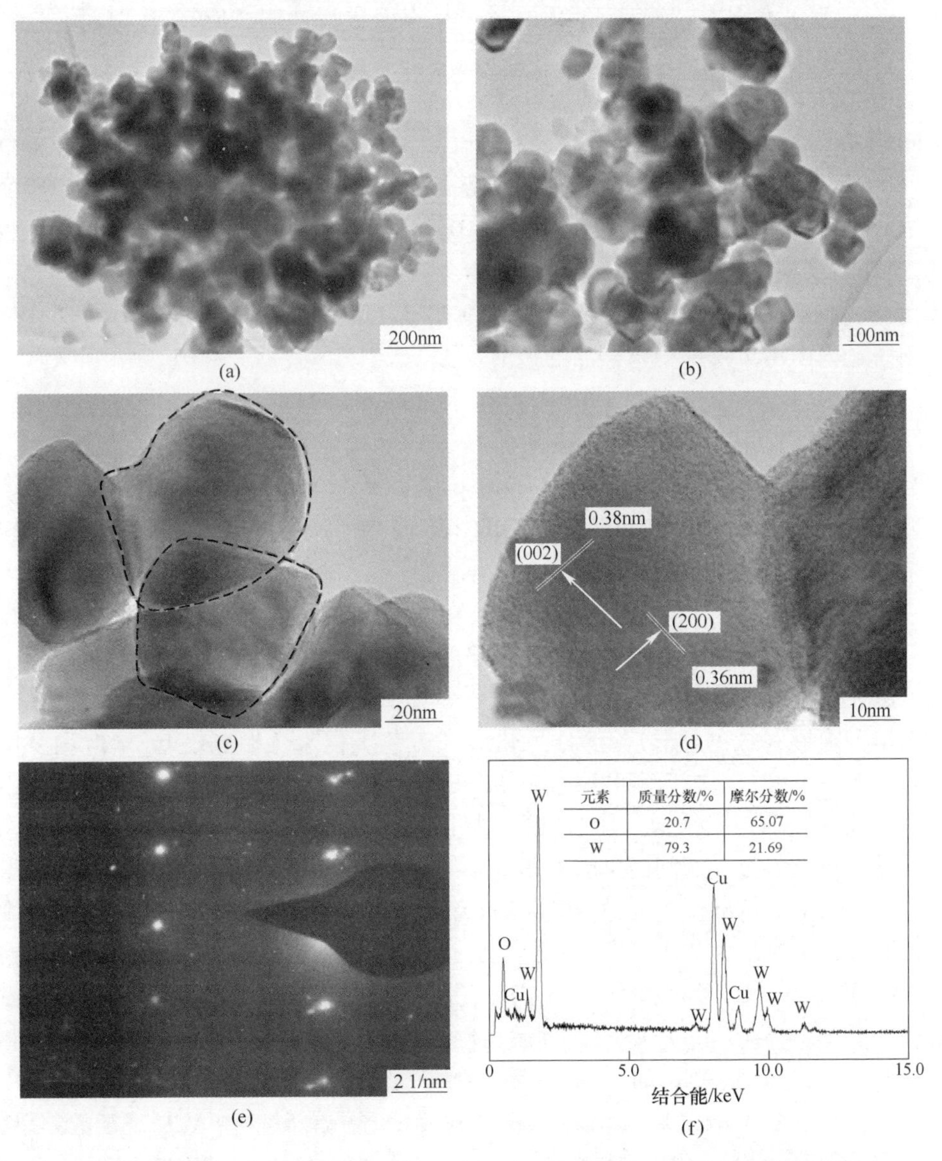


图 3-15 脱水产物 R10 的 TEM(a, b, c)、HRTEM(d)、FFT(e)和 EDS(f)图

为了进一步了解 R10 的形貌，对图中局部区域进行放大，得到图 3-15（b），发现颗粒颜色较浅，重叠部分颜色较深，疑似颗粒厚度较薄，且呈片状。对部分颗粒进行放大，如图 3-15（c）所示，红色虚线包围区域和蓝色虚线包围区域重叠部位颜色较深，可知 R10 中 $WO_3$ 的形貌呈类圆形，呈薄片状结构，直径尺寸在 50nm 左右。较深颜色部位主要是由较薄的片状结构相互重叠而成。片状结构的边缘较为圆滑，主要是因为 DWCNTs 发生氧化反应生成二氧化碳时，形成气流，在 $H_2WO_4$ 转化为 $WO_3$ 的过程中对样品表面进行冲刷，使其边缘较为光滑，几乎没有棱角。

图 3-15（d）中的晶格间距表明纳米片是 $WO_3$，具有较高的结晶结构。对晶格间距进行测量，晶面间距 0.36nm 和 0.38nm 分别对应于 $WO_3$ 的（200）和（002）晶面。图 3-15（e）所示为对图 3-15（d）中的晶面进行 SAED 观察的结果，可见，晶体主要沿着（200）和（002）两个晶面方向生长，与图 3-11 中的 XRD 结果相符合。如图 3-15（f）所示，微区成分的 EDS 分析表明 R10 由 W、O 和 Cu 组成，其中 W 和 O 的原子比例为 1∶3，EDS 中 Cu 主要来自于在 TEM 样品制备过程中用于支撑粉末样品的铜网。

#### 3.5.3.3 碳纳米管与钨酸钠的摩尔比为 1∶7

将 DWCNTs 与 $Na_2WO_4 \cdot 2H_2O$ 摩尔比为 1∶7 所得的前驱体 R3 在空气中进行煅烧，所得脱水产物 R11 的组成由图 3-11 确定为 $WO_3$，其形貌如图 3-16 所示。

对图 3-16（a）进行观察，没有发现管束状的 DWCNTs，说明产物 R11 中没有 DWCNTs。产物剖面主要呈椭圆形和圆形，尺寸在 100nm 左右。为了进一步了解 R11 的形貌，对图中局部区域进行放大，如图 3-16（b）所示，发现部分样品剖面呈椭圆形（红色虚框），部分呈圆形（蓝色虚框），颜色较浅，疑似颗粒厚度较薄。红色虚线包围区域和蓝色虚线包围区域重叠部位颜色较深，可知 R10 中 $WO_3$ 的形貌呈薄片状结构。其中剖面呈椭圆形的纳米片，其长度尺寸在 60nm 左右，其数量占多数；而剖面呈圆形的纳米片，其直径尺寸在 40nm 左右，其数量占少数。较深颜色部位主要是由较薄的片状结构相互重叠而成。片状结构的边缘较为圆滑，主要是因为 DWCNTs 发生氧化反应生成二氧化碳时，形成气流，在 $H_2WO_4$ 转化为 $WO_3$ 的过程中对样品表面进行冲刷，使其边缘较为光滑，几乎没有棱角。如图 3-16（c）所示，对晶格间距进行测量，晶面间距为 0.36nm 和 0.38nm 分别对应于 $WO_3$ 的（200）和（002）晶面。此结果与图 3-11 中的 XRD 结果相符合。图 3-16（d）所示为对图 3-16（c）中晶面进行 SAED 观察的结果，晶体主要沿着（200）和（002）两个晶面方向生长，与图 3-11 中的 XRD 结果相符合。

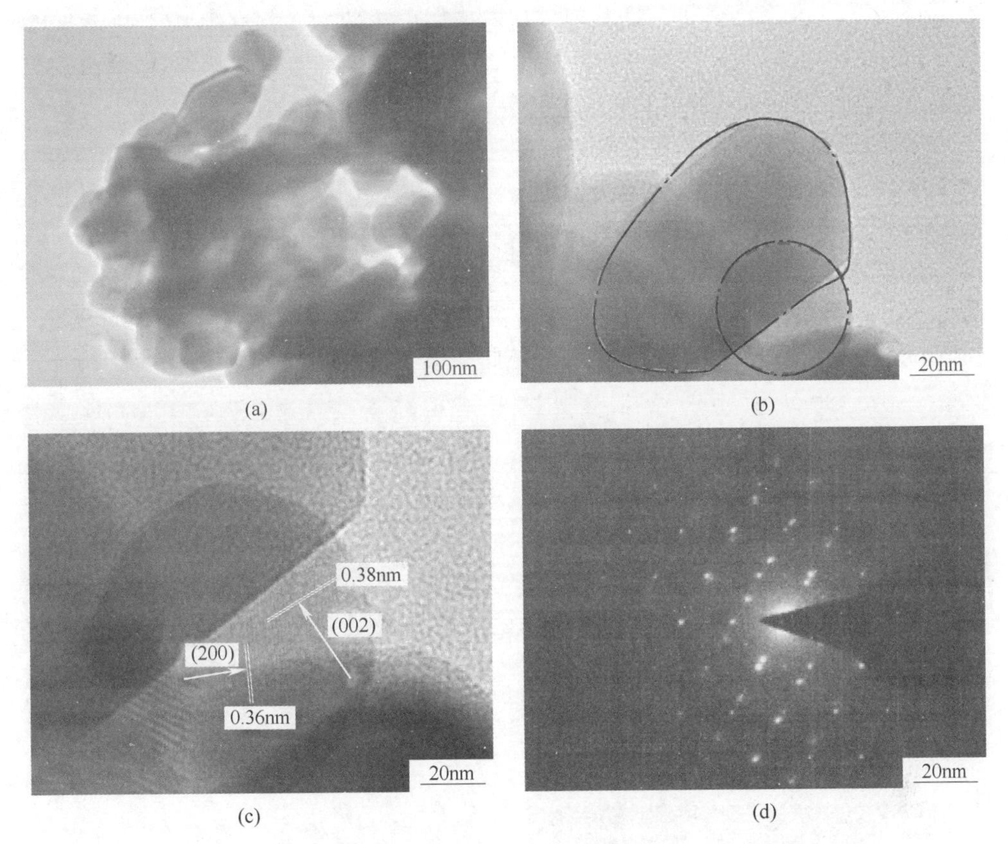


图 3-16 脱水产物 R11 的 TEM(a, b)、HRTEM(c)和 FFT(d)图

### 3.5.3.4 碳纳米管与钨酸钠的摩尔比为 1∶11

将 DWCNTs 与 $Na_2WO_4 \cdot 2H_2O$ 摩尔比为 1∶11 所得的前驱体 R4 在空气中进行煅烧，所得产物 R12 的组成由图 3-11 确定为 $WO_3$，其形貌如图 3-17 所示。仔细观察图 3-17（a），R12 中没有出现网络状的管束，表明 DWCNTs 已经被除去。产物看起来由小颗粒组成，但经仔细观察，发现还有少数大尺寸物质存在，图中已用红色虚线边框标记出物质的边缘，边长尺寸在 500nm 左右。结合前述图 3-10 进行分析，前驱体 R4 在氮气中进行煅烧所得脱水产物 R8 中，有很多棒状结构，长度在 500nm 左右。可认为前驱体 R4 中的大尺寸 $H_2WO_4$（见图 3-5）在氮气气氛中转化为 $WO_3$ 时，沿着 DWCNTs 表面进行自组装，所以产物 S8 中的 $WO_3$ 尺寸与 R4 中的 $H_2WO_4$ 尺寸相比有增大的趋势。而在 650℃ 空气气氛中，由于 DWCNTs 发生了氧化反应，伴随着 DWCNTs 模板的消失，前驱体 R4（见图 3-5）中的 DWCNTs 表面黏附的小尺寸 $H_2WO_4$ 失去了支撑，发生塌陷，局部大尺寸

$H_2WO_4$ 也会发生一定程度上的断裂，从而促使生成的 $WO_3$ 也会在尺寸上有所降低。同时由于 DWCNTs 燃烧释放出的二氧化碳气流，导致生成的 $WO_3$ 棱角较为圆滑。对图 3-17（a）中局部区域进行放大，得到图 3-17（b），仍发现少许边长大于 300nm 的大尺寸纳米片存在，周围还有少许小尺寸颗粒存在，尺寸在 50nm 左右，与前驱体 R4 在氮气气氛下煅烧所得 R8（见图 3-9）中长棒表面分布的小尺寸纳米片比较吻合。对小尺寸纳米片进行放大观察，如图 3-17（c）所示，纳米片的轮廓很清晰，尺寸在 50nm 左右，剖面呈类球形。由图 3-17（d）可知，晶格间距表明纳米片是 $WO_3$，具有较高的结晶结构。对晶格间距进行测量，0.36nm 对应于 $WO_3$ 的（200）主晶面。此结果与图 3-11 中的 XRD 结果相符合。

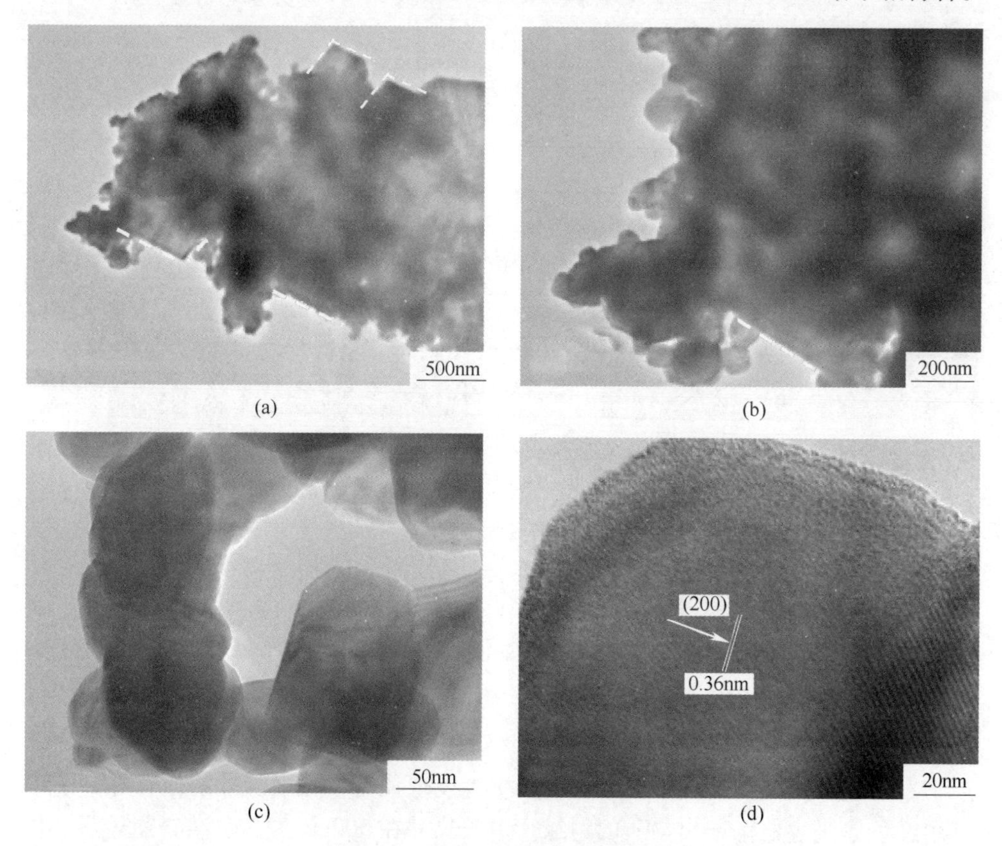


图 3-17　脱水产物 R12 的 TEM 图

## 3.6　钨酸/碳纳米管及其脱水产物的形貌控制机理分析

利用模板法结合液相法一步原位制备了前驱体 DWCNT/$H_2WO_4$，经氮气和空气气氛煅烧，形成了不同形貌的 DWCNTs/$WO_3$ 和 $WO_3$。图 3-18 所示为 DWCNT/

$H_2WO_4$、DWCNTs/$WO_3$和 $WO_3$ 的形成机理示意图，展示了模板剂 DWCNTs 与 $Na_2WO_4 \cdot 2H_2O$ 的摩尔比对氮气气氛和空气气氛中所得脱水产物 DWCNTs/$WO_3$ 和 $WO_3$ 的形貌与尺寸的影响。

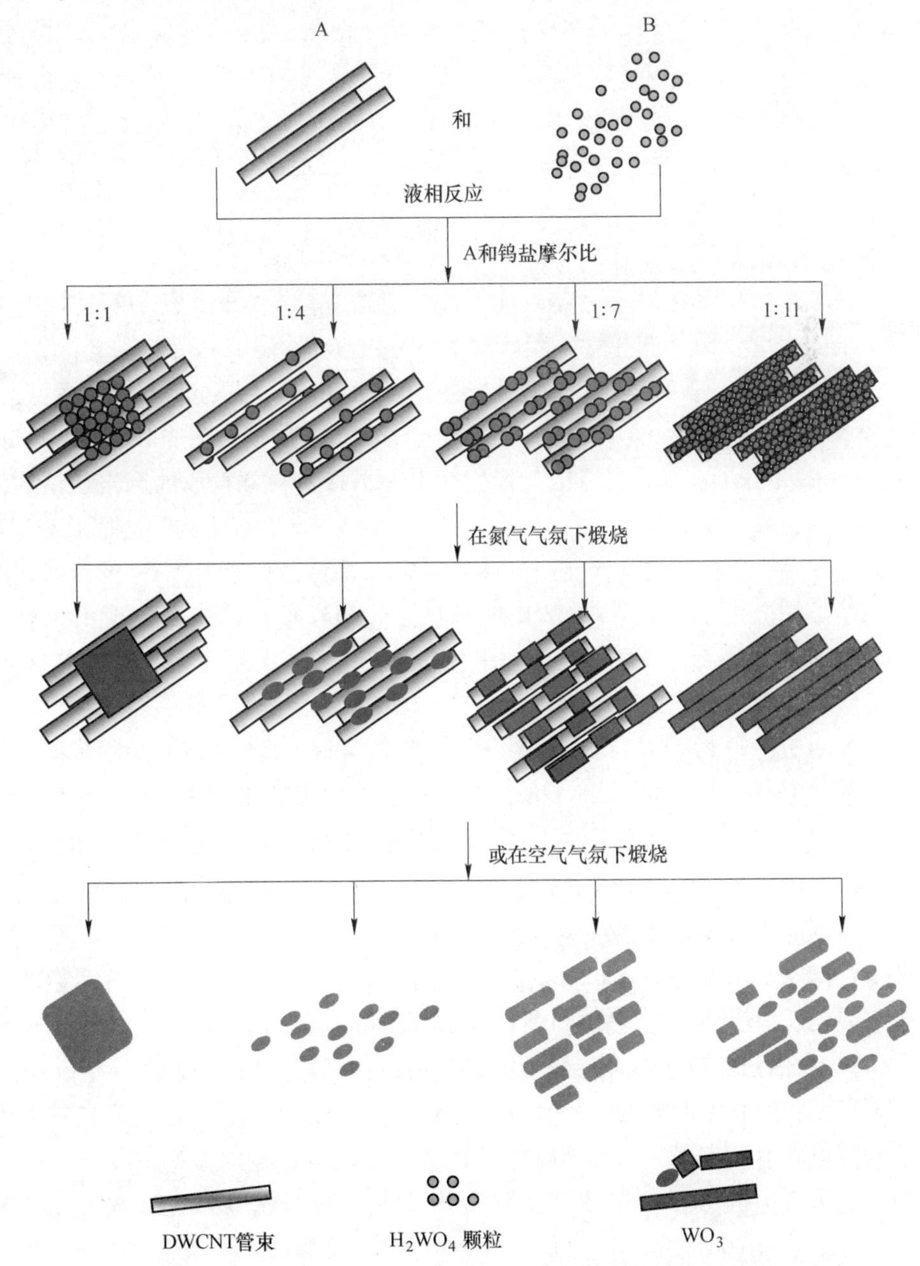


图 3-18 DWCNTs/$H_2WO_4$、DWCNTs/$WO_3$ 和 $WO_3$ 的形成机理图

(DWCNTs 与 $Na_2WO_4 \cdot 2H_2O$ 的摩尔比为 1∶1、1∶4、1∶7、1∶11)

当 DWCNTs 与 $Na_2WO_4 \cdot 2H_2O$ 的摩尔比为 1∶1 时，由于 DWCNTs 的表面积很大，DWCNTs 较大的表面积相对于 $Na_2WO_4 \cdot 2H_2O$ 在酸性液体中生成的 $H_2WO_4$ 沉淀的产量来说，显得过剩。此外，反应体系中的溶剂为水和乙二醇，其中水具有较大的表面能，使没有沉积 $H_2WO_4$ 的 DWCNTs 管束之间由于范德华力相互吸引在一起，形成较大面积的管束。由图 3-5 和图 3-11 可知，脱水产物 R5 的组成是 DWCNTs 和 $WO_3$，$H_2WO_4$ 优先在 DWCNTs 管束与管束之间的边界处进行成核和生长，进而沿着管束表面进行生长，形成由小尺寸 $H_2WO_4$ 重叠而成的较大尺寸 $H_2WO_4$。

其中模板剂 DWCNTs 管束之间构成的网络状结构依然存在于体系中，主要是因为构成 DWCNTs 的碳原子之间以极强的共价键结合在一起，使 DWCNTs 具有很好的轴向强度、韧性和弹性，因此对 $H_2WO_4$ 起到了很好的负载和分散作用。$H_2WO_4$ 经煅烧转变成的 $WO_3$ 直接遗传了 $H_2WO_4$ 的形状，使得形成的大尺寸 $WO_3$ 纳米片是由小尺寸 $WO_3$ 纳米片重叠而成。在空气气氛中煅烧 R1，其脱水产物 R9 的组成是 $WO_3$（见图 3-11），模板剂 DWCNTs 管束间构成的网络状结构没有在体系中出现（见图 3-12～图 3-14），主要是因为 650℃以上空气会使 DWCNTs 发生氧化作用，生成二氧化碳而逸出体系。$WO_3$ 虽然遗传了 $H_2WO_4$ 的形状，但是失去了 DWCNTs 的支撑，使 $WO_3$ 纳米片之间相互重叠堆积而呈现出大尺寸 $WO_3$ 纳米片。此外由于 DWCNTs 发生氧化作用产生二氧化碳气流，致使 $WO_3$ 纳米片的棱角较为圆滑（见图 3-14）。

当 DWCNTs 与 $Na_2WO_4 \cdot 2H_2O$ 的摩尔比为 1∶4 时，DWCNTs 管束的表面积相对于体系中生成的 $H_2WO_4$ 产量来说，仍然过剩，但大于 DWCNTs 与 $Na_2WO_4 \cdot 2H_2O$ 的摩尔比为 1∶1 时所生成的 $H_2WO_4$ 产量。此外，由于 $Na_2WO_4$ 中的 $WO_4^{2-}$ 遍布在反应体系中，加入酸溶液后，其中 $H^+$ 迅速与整个溶液范围内的 $WO_4^{2-}$ 发生反应，新生成的 $H_2WO_4$ 几乎同时沉积在整个范围内的 DWCNTs 管束上，结合图 3-3（b）可知，$H_2WO_4$ 基本呈分散状态负载在 DWCNTs 管束上，没有明显的二次团聚现象。主要是因为模板剂 DWCNTs 管束构成的网络状结构存在于整个体系中，对较多量的 $H_2WO_4$ 同时起到了很好的承载和分散作用，DWCNTs 管束的利用率较高，从而形成了较小尺寸 $H_2WO_4$。在氮气气氛中，$H_2WO_4$ 经煅烧脱去水分子而转化成小尺寸 $WO_3$，直接遗传了 $H_2WO_4$ 的形貌，同时 DWCNTs 管束间构成的网络状结构依然存在于体系中并支撑着 $WO_3$，形成 DWCNTs/$WO_3$（见图 3-7）。在空气气氛中对 R2 进行煅烧，$H_2WO_4$ 经煅烧脱去水分子而转化成 $WO_3$，但同时 DWCNTs 因氧化而消失，致使其管束之间构成的网络状结构不再存在于体系中，使 $WO_3$ 失去了支撑，从而形成更小尺寸 $WO_3$（见图 3-15）。

当 DWCNTs 与 $Na_2WO_4 \cdot 2H_2O$ 的摩尔比为 1∶7 时，相对于 DWCNTs 与 $Na_2WO_4 \cdot 2H_2O$ 的摩尔比为 1∶1 和 1∶4 时，$H_2WO_4$ 的产量有所增加，但是还不足以铺满体系中 DWCNTs 管束的表面，所以形成了短棒状结构，同时也遗传了模板剂 DWCNTs 的一维纳米结构。由图 3-3（c）可知，$H_2WO_4$ 负载在 DWCNTs 管束表面，沿着 DWCNTs 的直径和长度方向进行生长，呈现出一维短棒状结构。在氮气气氛下，对 DWCNTs/$H_2WO_4$ 进行煅烧，$H_2WO_4$ 脱去化学结合水分子转化成 $WO_3$，$WO_3$ 遗传了 $H_2WO_4$ 的一维纳米结构，同时 DWCNTs 作为轴心保留在体系中（见图 3-8）。纳米棒状结构 $WO_3$ 之所以能形成，主要是因为拥有足够机械力的 DWCNTs 为 $WO_3$ 的生长提供了强大支撑力。在空气气氛中对 R3 进行煅烧，$H_2WO_4$ 脱去化学结合水分子转化成 $WO_3$，$WO_3$ 遗传了 $H_2WO_4$ 的一维纳米结构，同时 DWCNTs 作为轴心保留在体系中（见图 3-9）。纳米棒状结构 $WO_3$ 发生了部分折断，主要是因为拥有足够机械力的 DWCNTs 因氧化而消失，$WO_3$ 纳米棒因失去 DWCNTs 的支撑，局部发生折断。同时由于 DWCNTs 氧化生成的二氧化碳气流对纳米棒的冲刷，致使纳米棒的棱角较为圆滑（见图 3-16）。

当 DWCNTs 与 $Na_2WO_4 \cdot 2H_2O$ 摩尔比为 1∶11 时，在 DWCNTs 与 $Na_2WO_4$ 共存的体系中，由于 $WO_4^{2-}$ 量比以前显著增加，加入酸后，$H^+$迅速与整个溶液中 $WO_4^{2-}$ 发生反应，新生成的 $H_2WO_4$ 几乎同时沉积在整个体系范围内的 DWCNTs 管束的表面上。由于 $H_2WO_4$ 产量较大，可以铺满体系中 DWCNTs 管束的表面，从而遗传了模板剂 DWCNTs 的一维纳米结构特征。由图 3-3（d）可知，当 DWCNTs 管束全部被 $H_2WO_4$ 覆盖时，$H_2WO_4$ 呈现一维长棒状结构。在氮气气氛下，对 DWCNTs/$H_2WO_4$ 进行煅烧，$H_2WO_4$ 脱去化学结合水分子转化成 $WO_3$，DWCNTs 作为轴心保留在体系中（见图 3-9）。纳米长棒状结构 $WO_3$ 之所以可能够形成，一方面是因为 DWCNTs 拥有足够的机械力，弹力和韧性，为易碎的 $WO_3$ 纳米棒的生长提供了强大支撑力；另一方面是因为 $H_2WO_4$ 量几乎可以铺满 DWCNTs 管束的表面，从而保证了纳米棒的长度尺寸较大。在空气气氛中对 R4 进行煅烧，$H_2WO_4$ 脱去化学结合水分子转化成 $WO_3$，DWCNTs 因发生氧化作用生成二氧化碳而从体系中逸出，从而使纳米长棒状结构 $WO_3$ 因失去 DWCNTs 的支撑力而发生局部断裂。纳米棒体的棱角因 DWCNTs 燃烧释放的二氧化碳的冲刷而变得更为圆滑（见图 3-17）。

## 3.7　本章小结

通过调节反应体系中 DWCNTs 与 $Na_2WO_4 \cdot 2H_2O$ 的摩尔比，控制 $H_2WO_4$ 在 DWCNTs 表面的沉积量，进而控制 $H_2WO_4$ 在 DWCNTs 表面的覆盖程度及生长程度，得到片状、颗粒状、棒状等形貌的 $H_2WO_4$，随之脱水获得不同形貌 $WO_3$。具体是采用不同摩尔比 DWCNTs 与 $Na_2WO_4 \cdot 2H_2O$，在 100℃ 油浴回流下合成了具有不同形貌的前驱体 DWCNTs/$H_2WO_4$，之后于氮气气氛和空气气氛中煅烧分别得到脱水产物 DWCNTs/$WO_3$ 和 $WO_3$，摸索了 DWCNTs 与 $Na_2WO_4 \cdot 2H_2O$ 的比例对 $H_2WO_4$ 和 $WO_3$ 形貌与尺寸的影响，以及气氛对 $WO_3$ 形貌的影响，主要结论如下：

（1）当 DWCNTs 与 $Na_2WO_4 \cdot 2H_2O$ 的比例有所变化时，得到的 $H_2WO_4$ 呈现出不同形貌，晶型也有所变化。即当 $H_2WO_4$ 在 DWCNTs 管束沉积量较少时，$H_2WO_4$ 零星分散在较大直径 DWCNTs 管束表面，从而使 $H_2WO_4$ 呈现片状或颗粒状，含有 1 个结晶水（$WO_3 \cdot H_2O$）；而当 $H_2WO_4$ 在 DWCNTs 管束沉积量较多时，$H_2WO_4$ 铺满了整个 DWCNTs 管束，并使其沿着模板表面进行生长，最终呈棒状结构，继承了 DWCNTs 纤维状模板的形貌，含有 0.33 个结晶水（$WO_3 \cdot 0.33H_2O$）。说明采取不同比例的 DWCNTs 与 $Na_2WO_4 \cdot 2H_2O$，可以控制 $H_2WO_4$ 在 DWCNTs 模板表面的覆盖程度，从而调控 DWCNTs 模板上的 $H_2WO_4$ 形貌。

（2）氮气气氛中对不同形貌前驱体 DWCNTs/$H_2WO_4$ 进行煅烧，在 $H_2WO_4$ 发生化学脱水反应转变成 $WO_3$ 的过程中，网络状结构 DWCNTs 管束依然存在于体系中，为新生成的 $WO_3$ 提供强有力的支撑，从而使 $WO_3$ 形貌直接遗传了 $H_2WO_4$ 形貌，从而得到了不同形貌与尺寸的 DWCNTs/$WO_3$。产物的晶型呈四方或斜方。

（3）空气气氛中对不同形貌前驱体 DWCNTs/$H_2WO_4$ 进行煅烧，在 $H_2WO_4$ 发生化学脱水反应转变成 $WO_3$ 的过程中，网络状结构 DWCNTs 管束发生氧化而消失，$WO_3$ 失去支撑，结构发生断裂，从而使 $WO_3$ 的形貌和尺寸在一定程度上发生变化，即产物的棱角变得圆滑，$WO_3$ 呈短棒状或片状。产物的晶型都呈单斜型。

（4）通过将不同形貌前驱体 DWCNTs/$H_2WO_4$ 置于不同气氛中进行煅烧，对最终产物 $WO_3$ 的形貌与尺寸进行可控调节，从而使合成出来的目标产物具有不同形貌与尺寸的特征。其中，氮气气氛下，$WO_3$ 遗传了 $H_2WO_4$ 的形貌，主要归因于 DWCNTs 的支撑作用；空气气氛下，$WO_3$ 在维持 $H_2WO_4$ 的形貌基础上发生了尺寸降低，主要归因于 DWCNTs 的消失可以使 $WO_3$ 发生折断，减小了尺寸。

## 参考文献

[1] Yu B, Tang H, Kong Z, et al. Preparation and characterization of three-dimensional mesoporous

crystals of tungsten oxide [J]. Chem Phys Lett, 2005, 407 (1): 83~86.

[2] Han Wenmei, He Junhui. Hydrothermal synthesis of tungsten trioxide with different morphologies and their application in water treatment [J]. J. Imaging Sci. Photochem, 2012, 30 (3): 215~227.

[3] Yue Y F, Qiao Z A, Fulvio P F, et al. Template-Free synthesis of hierarchical porous metal-organic frameworks [J]. J. Am. Chem. Soc., 2013, 135 (26): 9572~9575.

[4] 尹艳红, 吴子平, 羊建高, 等. 一种以模板法制备超细氧化钨的方法: 中国, ZL201110192047.9 [P]. 2013-10-02.

[5] Miguel A Correa-Duarte, Jorge Pérez-Juste, Ana Súnchez-Iglesias, et al. Aligning Au nanorods by using carbon nanotubes as templates [J]. Angew. Chem. Int. Ed., 2005, 44 (28): 4375~4378.

[6] Wu Ziping, Xia Baoyu, Wang Xiaoxia, et al. Preparation of dispersible double-walled carbon nanotubes and application as catalyst support in fuel cells [J]. J Power Sources, 2010, 195 (8): 2143~2148.

[7] Wu Ziping, Zhao Man, Hu Jingwei, et al. Preparation of tungsten carbide nanosheets with high surface area by an in-situ DWCNTs template [J]. RSC Advances. 2014, 4 (88): 47414~47420.

[8] Wu Z P, Wang J N, Ma J. Methanol-mediated growth of carbon nanotubes [J]. Carbon. 2008; 47 (1): 324~327.

[9] Zimmerman J L, Bradley R K, Huffman C B, et al. Gas-phase purification of single-wall carbon nanotubes [J]. Chem. Mater., 2000, 12 (5): 1361~1366.

[10] Dujardin E, Ebbesen T W, Krishnan A, et al. Purification of single-shell nanotubes [J]. Adv. Mater., 1998, 10 (8): 611~613.

[11] Sinani V A, Gheith M K, Yaroslavov A A, et al. Aqueous dispersions of single-wall and multiwall carbon nanotubes with designed amphiphilic polycations [J]. J. Am. Chem. Soc., 2005, 127 (10): 3463~3472.

[12] Sing K S W, Everett D H, Haul R A W, et al. Reporting physisorption data for gas/solid systems with special reference to the determination of surface area and porosity [J]. Pure & Appl. Chem, 1985, 57 (4): 603~619.

[13] Barrett E P, Joyner L G, Halenda P P. The determination of pore volume and area distributions in porous substances. I. computations from nitrogen isotherms [J]. J. Am. Chem. Soc, 1951, 73 (1): 373~380.

[14] 桂阳海, 崔瑞立, 牛连杰, 等. 碳纳米管掺杂纳米 $WO_3$ 气敏材料的制备及其应用 [J]. 化工新型材料, 2011, 39 (9): 46~56.

[15] 马淳安, 汤俊艳, 李国华, 等. WC/纳米碳管复合材料制备及其电化学性能 [J]. 化学学报, 2006, 64 (20): 2123~2126.

[16] Chatchawal Wongchoosuk, Anurat Wisitsoraat, Ditsayut Phokharatkul, et al. Multi-walled carbon nanotube-doped tungsten oxide thin films for hydrogen gas sensing [J]. Sensors, 2010, 10 (8): 7705~7715.

[17] Keel P F, Young F. Hydrotungstite, a new mineral from Oruro, Bolivia [J]. American Mineralogist, 1944, 29: 192~210.

[18] Kuti L M, Bhella, S S, Thangdurai V. Revising tungsten trioxide hydrates (TTHs) synthesis is there anything new? [J]. Inorg. Chem., 2009, 48 (14): 6804~6811.

[19] Meng D, Shaalan N M, Yamazaki T, et al. Preparation of tungsten oxide nanowires and their application to $NO_2$ sensing [J]. Sensor Actuat B: Chem., 2012, 169 (4): 113~120.

# 4 氧气剪切氧化钨纳米棒

## 4.1 概述

一维纳米结构 $WO_3$ 由晶体的定向生长而形成，属于组分均匀且形貌规则的纳米材料，主要应用于气敏材料[1]。当前，采用 CVD 法、模板法、水热法等已成功制备出一维纳米结构 $WO_3$。P. V. Tong 等人采用水热法，以聚合物作为表面活性剂，对 $WO_3$ 纳米棒的直径和形貌进行调控[2]。水热法一般是在密封的高温高压反应釜中进行，外界不易干预 $WO_3$ 的反应过程，致使 $WO_3$ 的形貌和性质直接受表面活性剂或模板剂的影响。若以较大长径比的一维材料作为模板剂，通常后续合成的目标产物的长径比也较大[3]。$WO_3$ 通常是由前驱体 $H_2WO_4$ 经脱水所得，所以可以通过一维纳米材料作为模板剂制备一维纳米结构 $H_2WO_4$，继而制备出一维纳米结构 $WO_3$。由第 3 章实验结果可知，采用 DWCNTs 作为模板，当 DWCNTs 与 $Na_2WO_4 \cdot 2H_2O$ 的摩尔比为 1∶4 时，得到的 $H_2WO_4$ 具有小尺寸并分散在 DWCNTs 表面，但是 $H_2WO_4$ 的产量过低。随着 $Na_2WO_4 \cdot 2H_2O$ 的相对含量增大，即 DWCNTs 与 $Na_2WO_4 \cdot 2H_2O$ 的摩尔比为 1∶11 时，更好地发挥了体系中 DWCNTs 的模板作用，所得 $H_2WO_4$ 的产量有所提高，形貌有所变化（呈纳米棒状结构）。基于遗传效应，棒状 $H_2WO_4$ 脱水可得到纳米棒状 $WO_3$。

$WO_3$ 是制备 WC 的重要钨原料[4~8]。若采用较大长径比（棒状、管状、纤维状结构等）的 $WO_3$ 作为制备 WC 的钨源，在高温碳化温度下产物容易相互缠绕，尤其是渗碳过程中缠绕在一起的部分易于异常长大，形成大块状 WC，大大地影响了 WC 的结构与性能[5]，这样就限制了较大长径比 $WO_3$ 除气敏性能以外的性能最大程度的发挥。所以若能在碳化前对一维纳米结构 $WO_3$ 进行剪切，形成小尺寸纳米 $WO_3$，将会进一步扩大其应用价值，尤其是在纳米 WC 的制备与应用领域方面的应用价值[9~14]。经前期研究发现，一维 DWCNTs/$H_2WO_4$ 经空气气氛煅烧，其产物 $WO_3$ 的尺寸明显小于氮气气氛所得产物 DWCNTs/$WO_3$ 中 $WO_3$ 的尺寸。故本章提出利用氧气剪切 $WO_3$ 纳米棒，具体是通过调节氧气的含量（氧气含量为 0%、21%和 100%）从而对纳米棒状 $WO_3$ 进行剪切，达到调控制备小尺寸 $WO_3$ 的目的。

## 4.2 前驱体及其脱水产物的制备

利用氧气调节生长不同尺寸的纳米 $WO_3$，典型的实验反应参数及相关实验产物见表 4-1。除表中所示的各反应参数外，其他实验参数相同。

表 4-1　实验条件和对应产物

| 编号 | 气氛/气体 | 温度/℃ | 时间/h | 脱水产物（氧化钨） | 颜色 | 照片 |
|---|---|---|---|---|---|---|
| S1 | 氮气 | 650 | 0.5 | DWCNTs/$WO_3$ | 蓝色 | |
| S2 | 氮气 | 600 | 0.5 | DWCNTs/$WO_3$ | 蓝色 | |
| S3 | 空气 | 600 | 0.5 | $WO_3$ | 黄色 | |
| S4 | 氧气 | 600 | 0.5 | $WO_3$ | 黄色 | |

### 4.2.1　纳米棒状前驱体的制备

在前期实验基础上，继续增加 $Na_2WO_4 \cdot 2H_2O$ 在体系中所占的比例，即采用原料中的模板剂 DWCNTs 与钨盐（$Na_2WO_4 \cdot 2H_2O$）的摩尔比为 1∶14，利用模板一步法制备了前驱体 S0。通过 XRD、SEM 和 TEM 对前驱体 S0 的组成与形貌进行分析。

### 4.2.2　纳米棒状前驱体的脱水产物的制备

将前驱体 S0 置于氮气气氛中于 650℃ 煅烧。具体是将前驱体 S0 置于刚玉反应舟中，并推至高温管式反应炉的高温区，密封反应炉两端，并在两端各留一个出入口以控制炉内氮气气氛，当将反应炉加热到 650℃ 并保温 0.5h 后，即可得到脱水产物 S1。通过 XRD、SEM 和 TEM 对脱水产物 S1 的组成与形貌进行分析。

### 4.2.3　纳米棒状前驱体的脱水产物的剪切

基于前期实验研究，并经查阅相关文献，由图 2-11 中的 TG-DTA 曲线可知，$H_2WO_4$ 的质量在 500～600℃ 趋于平衡，结合 CNTs 差热分析数据[8]，600℃ 可以除去结晶碳（DWCNTs 模板），所以本实验中氧化性气氛中煅烧温度为 600℃ 时，就可以将 DWCNTs 模板完全除去。将上述制备的前驱体 S0 平铺在刚玉反应舟中，连同刚玉反应舟推入高温反应炉的高温区，对S0进行煅烧，同时向反应管中通入不同气氛（氮气（氧气含量为0%）、空气（氧气含量为21%）和纯氧气（100%氧气）），流量为300mL/min，热处理温度为600℃，热处理时间为0.5h，分别得到脱水产物S2、S3和S4。对产物分别进行XRD、SEM、BET分析。

## 4.3　氧化钨纳米棒的制备与结果分析

### 4.3.1　前驱体S0及其脱水产物S1的相组成分析

为了了解前驱体S0及其在氮气气氛中650℃脱水产物S1的组成与晶型，分别进行了XRD分析，如图4-1所示，曲线1显示了前驱体S0的相组成，从图可以看出，2$\theta$在13.9°和25.8°处的衍射峰一一对应于石墨碳的（001）和（002）晶面的衍射峰，说明DWCNTs模板存在于前驱体中。2$\theta$在16.5°、18.1°、22.9°、24.5°、27.2°、28.1°和36.6°等位置上出现的特征峰，与PDF卡片72-0199中的$WO_3 \cdot 0.33H_2O$的标准衍射峰一致，分别对应于$WO_3 \cdot 0.33H_2O$的（200）、（111）、（002）、（200）、（131）、（220）和（222）等晶面，结合反应所用原材料，说明前驱体S1的成分由DWCNTs和$WO_3 \cdot 0.33H_2O$组成，记为DWCNTs/$H_2WO_4$。

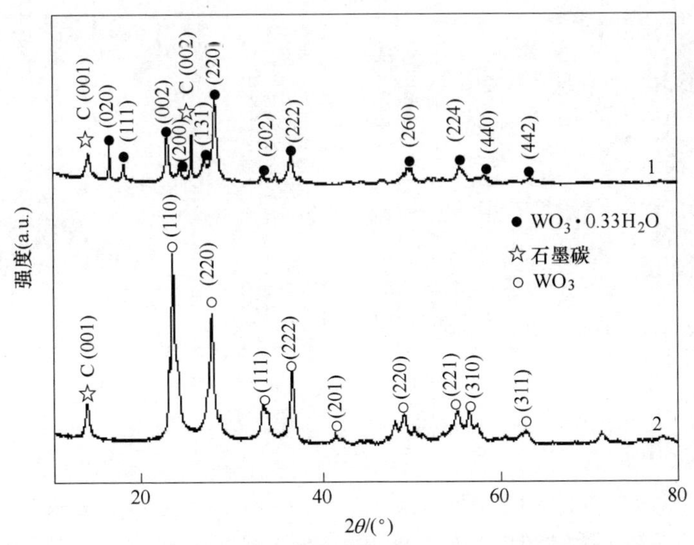


图4-1　前驱体S0及其脱水产物S1的XRD图谱

1—S0；2—S1

将前驱体S0（DWCNTs/$H_2WO_4$）在氮气气氛中于650℃煅烧，所得脱水产物S1的物相组成如图4-1中曲线2所示。其中2$\theta$在13.9°处的衍射峰对应石墨碳的（001）晶面的衍射峰，说明 S1 中存在石墨碳，即作为模板的 DWCNTs；而 $2\theta$ 在 23.5°、27.7°、33.6°、36.7°、41.4° 和 49.1° 等位置出现的谱峰，符合 PDF 卡片 00-032-1395 中的标准衍射峰，分别对应 $WO_3$ 的（110）、（220）、（111）、（222）、（201）和（220）等晶面的衍射峰，属于四方晶型。说明前驱体 S0 在氮气气氛中于 650℃煅烧所得产物 S1 的成分为 DWCNTs 和 $WO_3$，记为 DWCNTs/$WO_3$。从尖锐的衍射峰可知，脱水产物 S1 的结晶程度较高。

### 4.3.2　前驱体 S0 的微观形貌分析

为了了解前驱体 S0 的形貌，对其进行 SEM 观察，如图 4-2 所示。由图 4-2（a）可观察到，以 DWCNTs 为模板剂制备的前驱体 S0 由结构疏松的类球形团簇组成，团簇分布比较均匀，没有发现严重的团聚现象，说明在前驱体 S0（DWCNTs/$H_2WO_4$）制备过程中，模板剂 DWCNTs 因具有较为分散和柔性的管束对产物起到疏松作用，有效缓解了 $H_2WO_4$ 的二次团聚。由此可见，采用摩尔比为 1∶14 的 DWCNTs 和 $Na_2WO_4 \cdot 2H_2O$，较第 3 章中摩尔比为 1∶11 的 DWCNTs 和 $Na_2WO_4 \cdot 2H_2O$ 体系中生成的 $H_2WO_4$ 所占的比例有所提高，更加充分利用了 DWCNTs 管束的有效面积，充分发挥了 DWNCTs 的担载和隔离作用，使 $H_2WO_4$ 在成核与长大过程中，不致于发生严重的二次团聚。

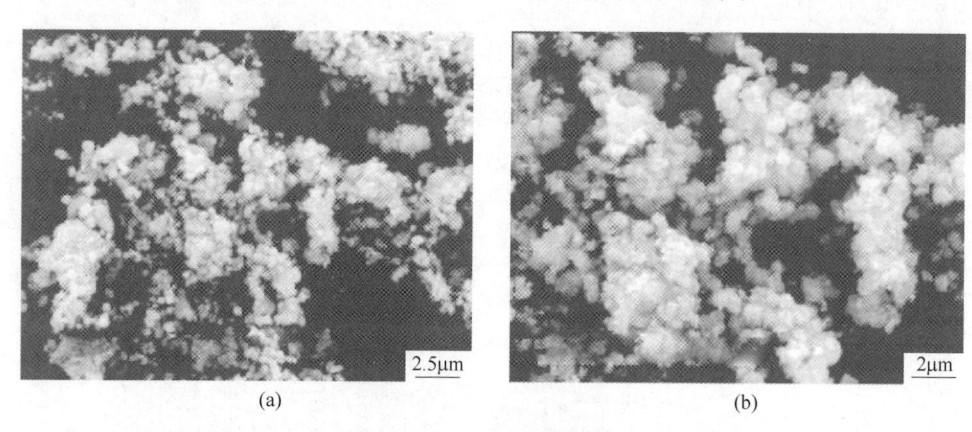


图 4-2　DWCNTs 模板一步制备的前驱体 S0 的 SEM 图

将图 4-2（a）中的 SEM 进一步放大，得到图 4-2（b），可发现，类球形团簇的直径小于 1μm，疑似由几十到几百纳米的小颗粒构成。说明高分散的 DWCNTs/乙二醇悬浮液的加入，有效改善了 $H_2WO_4$ 成核长大的微环境，有效降低了 $H_2WO_4$ 的尺寸，达到了纳米级，为后期制备纳米级钨的氧化物和碳化物提供了有利保障。然而，由于 SEM 无法清晰显示样品中 DWCNTs 的状态以及 DWCNTs/$H_2WO_4$ 团簇的详细微观形貌，因此还需对 S0 进行 TEM 检测。

图4-3所示为利用TEM对模板剂DWCNTs和前驱体S0的形态进行表征与分析。从图4-3（a）可发现，纯化后的DWCNTs的管束直径为5~30nm，管束表面很洁净，以此DWCNTs作为模板，可使$H_2WO_4$直接在其表面成核长大，有望得到纳米级目标产物。

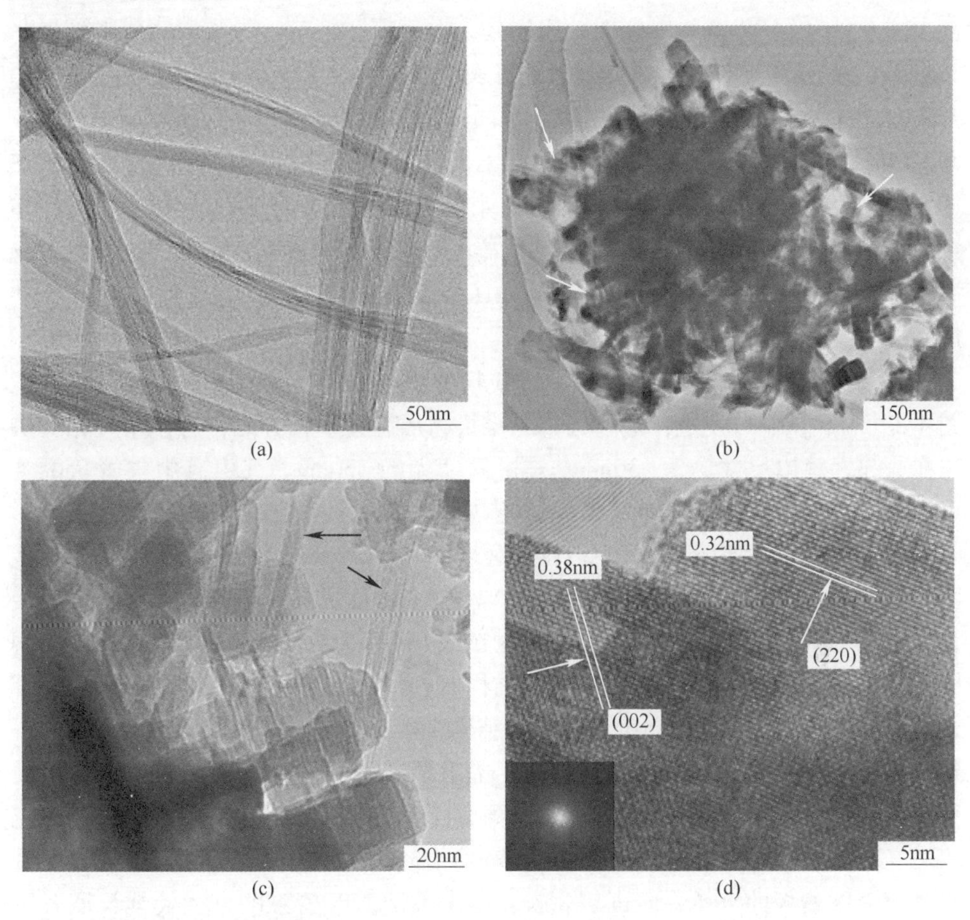


图4-3 模板剂DWCNTs的TEM图(a)、前驱体S0的TEM(b，c)、HRTEM(d)及FFT图(内置插图)

图4-3（b）~（d）是利用TEM和HRTEM对上述图4-2中出现的S0中的DWCNTs/$H_2WO_4$团簇进行更细微的观察。从图4-3（b）可观察到，图4-2所展示的类球形团簇的直径约为500nm，主要是由大量棒状结构纤维汇聚而成。一方面是因为新生成的$H_2WO_4$具有极高的表面能和较大的接触面积，在以DWCNTs管束为模板和载体的微环境中，$H_2WO_4$容易吸附在带有羟基和羧基的高分散DWCNTs管束表面，从而使$H_2WO_4$胶体粒子的表面能有所降低，同时使$H_2WO_4$之间的吸附能力也有所降低，最终整个体系中的$H_2WO_4$继承了DWCNTs的形貌，

呈纳米棒状结构，并处于较分散状态；另一方面，棒体之间倾向于通过相互吸附以降低表面能，致使其形成棒束，但由于体系中大量网络状结构 DWCNTs 可对其进行空间阻碍，最终形成以 DWCNTs 管束为基体的团簇状疏松结构。这说明 DWCNTs 除了有隔离和承载 $H_2WO_4$ 的作用，同时还有调控 $H_2WO_4$ 形态的作用，即 $H_2WO_4$ 沿着 DWCNTs 管壁的径向生长，形成棒状结构，为其煅烧后得到棒状结构 $WO_3$ 提供了前提保障。此外，还发现团簇中夹杂了少量 $H_2WO_4$ 颗粒（如图 4-3（b）中的白色箭头所指），主要原因是所采用的原料中 DWCNTs 与 $Na_2WO_4 \cdot 2H_2O$ 的摩尔比为 1∶14，$Na_2WO_4 \cdot 2H_2O$ 被酸化后所得 $H_2WO_4$ 优先沉积在 DWCNTs 管束的表面，如果 DWCNTs 管束的表面积相对 $H_2WO_4$ 显得不足时，多余的 $H_2WO_4$ 颗粒就会处于 $H_2WO_4$ 纳米棒的间隙中。通过观察发现，这种颗粒物非常少，说明 DWCNTs 与 $Na_2WO_4 \cdot 2H_2O$ 的摩尔比为 1∶14 时，用于承载 $H_2WO_4$ 的 DWCNTs 用量比较适中。

为了进一步了解图 4-3（b）中棒状物的详细结构，对其进一步放大，得到图 4-3（c），从中可发现，这些大量的棒状物形态近乎长方形，有棱角且相互搭连在一起，短边尺寸为 8～30nm，长边尺寸大约 150nm。其中有中空管状的管束（如图 4-3（c）中黑色箭头所指）出现，与图 4-3（a）的 DWCNTs 管束的形态相似，可判断其为模板 DWCNTs。这表明 DWCNTs 模板一步法制备前驱体 $H_2WO_4$ 的过程中，$H_2WO_4$ 直接在 DWCNTs 管束表面成核并沿其表面生长，直接复制了 DWCNTs 的外形，呈现纳米棒状结构。该棒状结构的获得可能与 DWCNTs 模板（载体）的空间“限域”效应和结构调控作用有关，$H_2WO_4$ 在 DWCNTs 管束的表面沉积后，沿其轴向生长，形态结构直接遗传了 DWCNTs 管束的形貌，得到长棒状结构。$H_2WO_4$ 棒体的长边是由晶核沿着 DWCNTs 管束的长度方向生长得到，当其在反应体系中遇到其他 DWCNTs 管束的阻碍时便停止生长，保持一定的长度，其长边结构由此固定下来。$H_2WO_4$ 棒体的短边在生长过程中，主要沿着 DWCNTs 模板的直径方向进行生长，由于 DWCNTs 管束的直径较其长度要短得多（见图 4-3（a）），$H_2WO_4$ 棒体也具有长方形的短边尺寸，因此整个反应产物呈现出长方形外貌。这说明 DWCNTs 的加入，改善了 $H_2WO_4$ 生长的微环境，有效缓解了 $H_2WO_4$ 的二次团聚，同时调节了 $H_2WO_4$ 的微观形态。进一步对其进行 HRTEM 微观结构观察（见图 4-3（d）），测试时将样品置于无水乙醇中进行超声分散，之后滴在微栅上，干燥后进行观察。晶格条纹显示为两种有序的晶体结构，晶面间距分别为 0.32nm 和 0.38nm，根据晶面间距及反应前所加入的反应物等相关信息，可判断该结构为 $H_2WO_4$ 的（220）和（002）晶面。基于快速傅里叶变换（见图 4-3（d）中插图）观察，$H_2WO_4$ 纳米棒沿着（220）和（002）方向生长，与图 4-1 中曲线 1 对应。

### 4.3.3 脱水产物 S1 的微观形貌分析

利用 TEM 对脱水产物 S1 的微观结构进行观察和分析，结果如图 4-4 所示。图 4-4（a）所示为脱水产物 S1 的 TEM 图，可以观察到 $WO_3$ 呈棒状结构，与图 4-3（b）中 $H_2WO_4$ 的棒状结构相似。棒的长度大于 2μm，直径为 100nm 左右，说明脱水产物 $WO_3$ 遗传了其前驱体 $H_2WO_4$ 的形貌。此外，还发现棒状物表面承载了少量颗粒物或团簇物，依附于棒与棒之间，尺寸达几十到几百纳米。分析这些颗粒或团簇物形成的原因，一是基于遗传效应，由上述图 4-3（b）中夹杂的颗粒状 $H_2WO_4$ 化学脱水后形成[10]，此现象可由上述图 4-3（b）的 S0 的形态和图 4-4 中的 S1 的形态（棒状和颗粒状杂质）加以证明；二是前驱体 S0 中的 DWCNTs 管束（如图 4-3（c）中黑色箭头所指）在较高煅烧温度（650℃）下发生收缩[11]，阻碍了部分 $H_2WO_4$ 长大形成棒状，此现象可由图 4-4（a）中观察到的颗粒物数量明显多于上述图 4-3（b）中颗粒物数量加以证明。

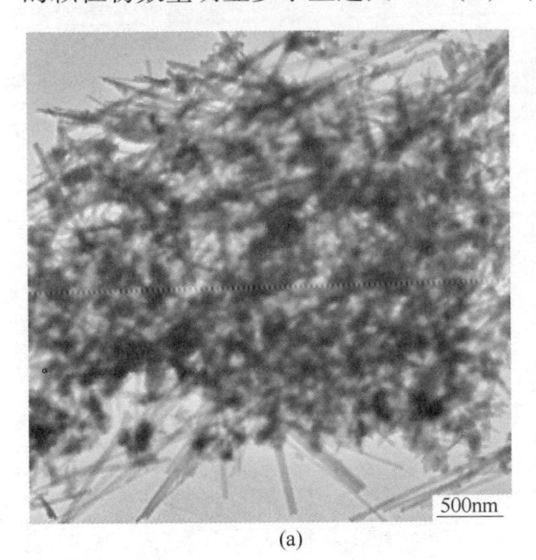


(a)

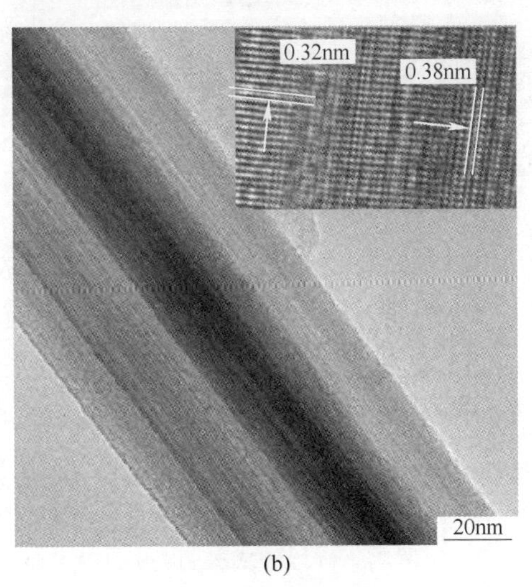


(b)

图 4-4 脱水产物 S1 的 TEM(a，b)和 HRTEM(内置插图) 图

进一步放大图 4-4（a），得到图 4-4（b），典型的棒状结构 $WO_3$ 的表面平滑并洁净，没有明显的晶体缺陷，直径约 80nm。其中内插图为典型棒状结构 $WO_3$ 的 HRTEM 图，可见，$WO_3$ 的晶格条纹清晰并且连续。经测量，晶面间距 0.38nm 和 0.32nm，分别对应于四方晶型 $WO_3$ 的（110）和（220）晶面（见图 4-1），可以判定 $WO_3$ 主要沿着（110）和（220）晶面生长。

### 4.3.4 棒状钨酸/碳纳米管与棒状氧化钨/碳纳米管的比表面积分析

采用氮气吸附-脱附等温（77K）曲线测定前驱体 S0 及其脱水产物 S1 的比表面积、孔容及孔径分布，测试结果如图 4-5 所示。

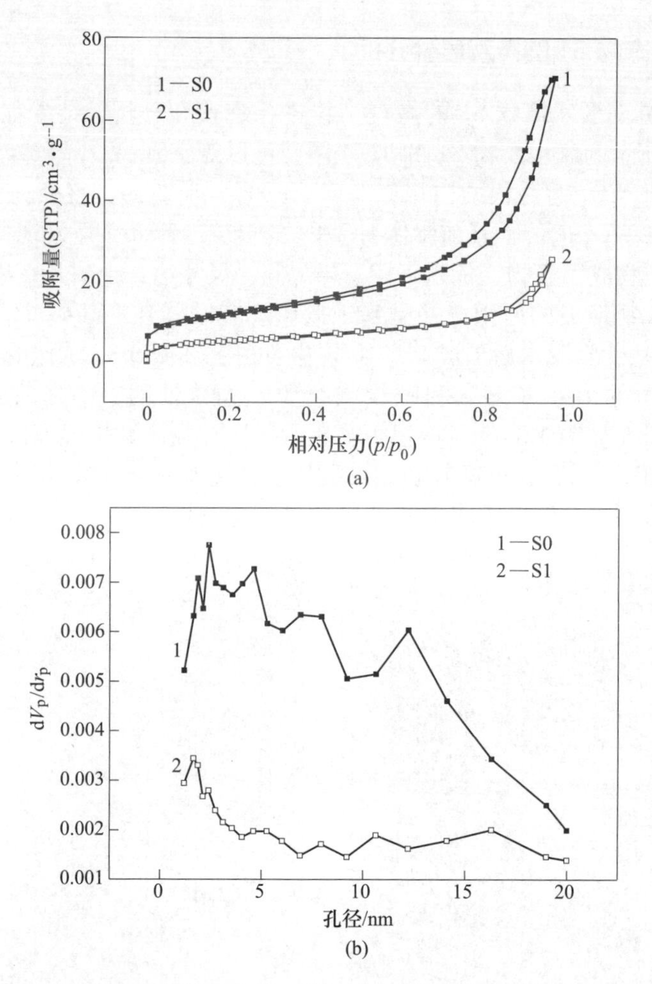


图 4-5　前驱体 S0 和其脱水产物 S1 的氮气吸附-脱附曲线与介孔分布曲线

（a）前驱体 S0 的吸附-脱附曲线和脱水产物 S1 的吸附-脱附曲线；

（b）通过 BJH 方法计算的 S0 介孔分布和 S1 的介孔分布

图 4-5（a）中的脱附等温线 1 和 2 在相对压力（$p/p_0$）为 0.35 到 0.95 之间都存在滞后环，类型为 $H_3$，是毛细管凝聚的特征[12]，对应于 IUPAC 分类中的第Ⅳ型等温线。

图 4-5（a）中曲线 1 为前驱体 S0 的氮气吸附-脱附等温曲线，吸附支在相对低压区域有一定的吸附量，表明 S0 中具有一定的微孔结构分布，经过低压区域初步吸附之后，在相对高压区域，氮气吸附量明显增大。氮气吸附量的明显变化表明 S0 中存在大量的中孔结构分布，主要来自裸露的 DWCNTs 网络状管束以及被 DWCNTs 隔离后的棒状结构 $H_2WO_4$ 之间搭连的间隙，所以 S0 的整体吸附量很高。图 4-5（a）中曲线 2 为前驱体 S0 在 650℃ 氮气条件下煅烧所得的脱水产物

S1 的氮气吸附-脱附等温曲线，其曲线形状与曲线 1 的形状相似，但其整体吸附量明显低于曲线 1 中的整体吸附量。此外，由 BET 方法计算出前驱体 S0 的比表面积为 $40.4m^2/g$，平均孔径为 10.7nm。脱水产物 S1 的比表面积为 $17.3m^2/g$，平均孔径为 9.04nm。前驱体 S0 的比表面积（$40.4m^2/g$）和孔容（$0.1083m^3/g$）均大于其脱水产物 S1 的比表面积（$17.3m^2/g$）和孔容（$0.0613m^3/g$）。分析脱水产物 S1 的吸附能力、比表面积及孔容（曲线 2）明显低于其前驱体 S0 的吸附能力、比表面积及孔容（曲线 1），一方面是因为前驱体 S0 中的部分中孔结构由于脱水时 DWCNTs 的收缩和水分的蒸发引起部分 $WO_3$ 结构发生塌陷，致使其脱水产物 S1 中的中孔结构更少；另一方面是因为生成的高结晶 $WO_3$ 纳米棒将占据一定的微孔。

图 4-5（b）是通过 BJH 方程对等温吸附曲线处理后得到的孔径分布，但很难清楚地得到关于介孔孔径分布的详细信息，仅能显示目前制备的前驱体 S0 及其脱水产物 S1 都具有较宽的尺寸分布，而且大量孔径分布集中在 2~20nm 的范围内，表明前驱体 S0 及其脱水产物 S1 中都存在中孔结构。S0 和 S1 的孔径分布曲线显示出相同的变化趋势，主要是因为，$H_2WO_4$ 在 DWCNTs 的表面生长，直接遗传了 DWCNTs 的形貌；$H_2WO_4$ 在氮气脱水过程中生成的 $WO_3$ 仍然沿着 DWCNTs 的表面进行生长，也直接复制了 DWCNTs 的形貌。其中曲线 1 在 1~20nm 之间的孔径分布强度明显高于曲线 2，说明前驱体 S0 比其脱水产物 S1 拥有更多的空隙，一方面是因为制备前驱体 S0 的过程中，DWCNTs 呈网络状分散于体系中，$H_2WO_4$ 沿着 DWCNTs 管壁或管束表面成核长大，有效遗传了 DWCNTs 的网络框架，保持了高分散性；另一方面是由于前驱体 S0 在转化成脱水产物 S1 时，由于水分的挥发导致 DWCNTs 管束发生收缩，使 S1 中的 $WO_3$ 发生部分塌陷，此外，$WO_3$ 的长大占据了 DWCNTs 管束表面裸露部分。

### 4.3.5　碳纳米管/氧化钨纳米棒的模板法制备机理分析

多次实验结果表明（在第 3 章中有所讨论），DWCNTs 与 $Na_2WO_4 \cdot 2H_2O$ 的摩尔比以及 $H_2WO_4$ 在 DWCNTs 管束表面的覆盖程度直接影响了 $H_2WO_4$ 及其脱水产物 $WO_3$ 的形貌。

纳米棒状结构 DWCNTs/$WO_3$ 的形成模型如图 4-6 所示。

本章采用的 DWCNTs 与 $Na_2WO_4 \cdot 2H_2O$ 的摩尔比为 1∶14。在纳米棒状前驱体 S0（DWCNTs/$H_2WO_4$）的制备过程中，高分散的 DWCNTs 起着至关重要的作用。在液相化学反应阶段，$Na_2WO_4$ 缓慢地与 HCl 发生化学反应，化学反应方程式可以表述为：$Na_2WO_4 + 2HCl \rightarrow H_2WO_4 \downarrow + 2NaCl$。一方面，高分散的 DWCNTs 管束遍布在整个反应体系中，有利于反应过程中生成的大量 $H_2WO_4$ 直接在

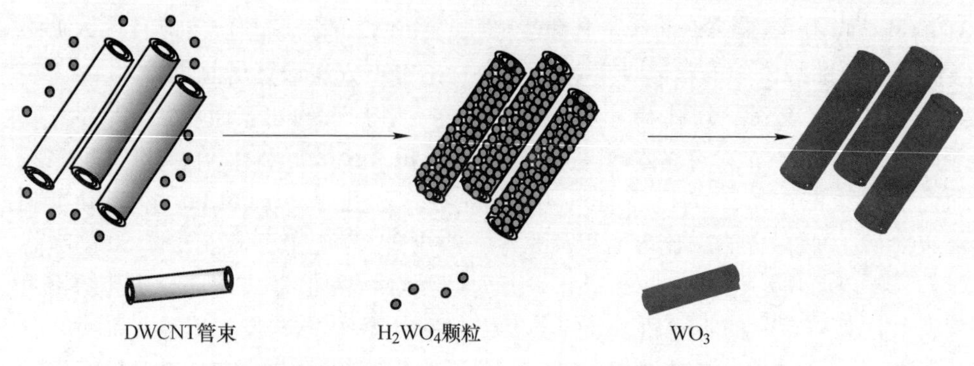


图 4-6　DWCNTs/$WO_3$ 纳米棒的形成模型示意图

DWCNTs 管束表面成核并逐渐长大；另一方面，由于 DWCNTs 管束呈网络状分散于反应体系中，有效避免了新生成的 $H_2WO_4$ 之间的二次团聚，当 DWCNTs 管束的表面几乎完全被 $H_2WO_4$ 覆盖时，纳米棒状 $H_2WO_4$ 就形成了，经氮气气氛煅烧，$H_2WO_4$ 脱去化学结合水生成了 $WO_3$ 纳米棒。

反应体系中，$Na_2WO_4$ 中的 $Na^+$被 HCl 中的 $H^+$所取代，生成 $H_2WO_4$ 沉淀，而 $Na^+$与 $Cl^-$形成了 NaCl 溶液，可以通过多次过滤将 NaCl 除掉。当大量 $H_2WO_4$ 同时在 DWCNTs 管束表面成核并沿其表面长大，DWCNTs 管束表面被 $H_2WO_4$ 覆盖程度大大提高，有利于获得纳米棒状结构 DWCNTs/$H_2WO_4$。由于无定型 $H_2WO_4$（$WO_3 \cdot xH_2O$）胶体处于热力学亚稳态，在热力学条件下可以将其转化为稳定的晶体。之后将其置于氮气气氛中煅烧，反应体系中的 DWCNTs 模板被保留，与此同时，棒状 $H_2WO_4$ 转化成 $WO_3$ 纳米棒。

综上所述，从具有一维定向作用的模板剂 DWCNTs 出发，使化学合成反应在其表面或周围进行，可以得到一维棒状结构 $H_2WO_4$，随之脱水可以得到 $WO_3$ 纳米棒。DWCNTs 模板由于具有一维结构限定与导向的作用，可以使合成出来的目标产物保持 DWCNTs 模板的一维结构形貌特征。

## 4.4　氧化钨纳米棒的剪切与结果分析

### 4.4.1　氮气气氛下所得脱水产物 S2 的相组成与微观形貌分析

将前驱体 S0 置于氮气气氛中于 600℃煅烧，使其脱去化学结合水分子，生成钨的氧化物（样品编号记为 S2），对其相组成和微观结构分析。

#### 4.4.1.1　脱水产物 S2 的相组成分析

由图 4-1 可知，前驱体 S0 的成分由 DWCNTs、$WO_3 \cdot 0.33H_2O$ 和 $WO_3 \cdot H_2O$ 组成，将其在氮气气氛中于 600℃煅烧后的脱水产物 S2 的相组成如图 4-7 所示。

从图 4-7 可以看出，$2\theta$ 在 23.2°、23.6°、24.4°、26.6°、29.0°、34.2°和 41.9°等位置出现的衍射峰一一对应于（002）、（020）、（200）、（120）、（112）、（202）和（222）等晶面。其中 23.1°、23.6°、24.4° 处出现明显的三强峰，符合 PDF 卡片 72-1465，说明前驱体 S0 在氮气气氛中 600℃ 煅烧所得脱水产物 S2 属于单斜相结构 $WO_3$。$2\theta$ 在 23.146° 处对应的（002）晶面的衍射峰强度最大，说明 S2 中的 $WO_3$ 主要沿着（002）方向生长。较大的衍射峰强度说明 $WO_3$ 具有较高的结晶程度。S2 中还存在石墨碳，即作为模板存在的 DWCNTs，表明前驱体 S0 在氮气气氛中脱水所得产物 S2 中保留了模板剂 DWCNTs，故 S2 的成分为 DWCNTs 和 $WO_3$。

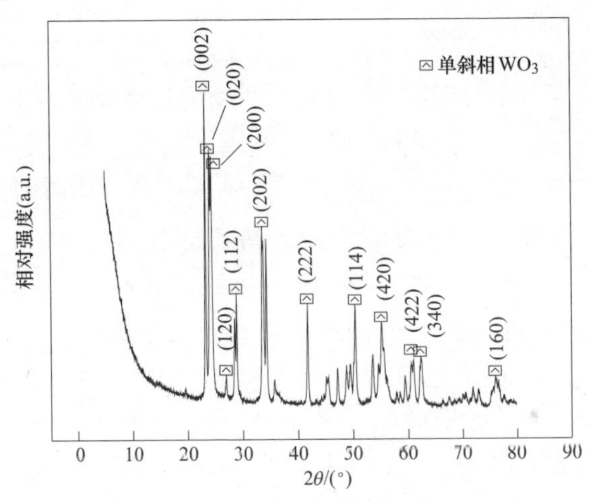


图 4-7 脱水产物 S2 的 XRD 图

#### 4.4.1.2 脱水产物 S2 的微观形貌分析

对脱水产物 S2 进行形貌分析，如图 4-8 所示。

(a)

(b)

图 4-8 脱水产物 S2 的 SEM 形貌

由图 4-8（a）中的 SEM 图可以观察到，S2 具有超细特征，属于纳米尺寸范围，尺寸在 200nm 以内，分布较为均匀，多数呈长条状存在。说明 S2 具有较好的分散性，没有发生明显的团聚。限于 SEM 的放大倍数较小，没有发现直径在几十纳米的 DWCNTs 管束。对其图 4-8（a）进行放大观察，得到图 4-8（b），多数纳米颗粒的长度大于其宽度，呈长方形，形貌呈纳米棒状，在结构上继承了前驱体 S0 的形态。多数纳米棒状体有明显棱角，呈任意方向排布，棒的长度在 50~200nm 范围内，有少数棒体发生了部分粘连，凝结在一块，但界限分明。这可能是由于在煅烧过程中，前驱体 S0 中 $H_2WO_4$ 因化学脱水释放出水蒸气，DWCNTs 管束中裸露的部分发生收缩，使新生成的 $WO_3$ 棒体之间发生部分粘连而形成。

为了进一步分析上述 SEM 观察的棒状产物的形态结构，利用 HRTEM 对上述的 S2 进一步详细观察。在进行 TEM 检测前，需要对样品进行物理分散。取少许上述产物（与图 4-8 中的样品相同）置于无水乙醇中进行超声分散，获得均匀溶液，然后用滴管将其滴在铜网上，待乙醇自然挥发后，在 TEM 下观察其形貌，如图 4-9 所示。从图 4-9（a）可发现，S2 主要呈团簇状，与图 4-3（b）中前驱体 S0 的形貌相似，团簇的直径大于 1μm。这表明，经氮气气氛 600℃煅烧，$H_2WO_4$ 脱去化学结合水分子转变成了 $WO_3$，但其形貌没有发生明显的变化，仍然是以团簇状存在。此外，还发现有中空管束出现（如图 4-9（a）中的黑色箭头所指），与图 4-3（a）中显示的 DWCNTs 束形态相似，可判断其是 DWCNTs。

进一步对图 4-9（a）中的局部区域进行放大，得到高倍 TEM 图，如图 4-9（b）所示，可发现，团簇中的多数棒状物之间以首尾相互搭连，长棒的长度大于 1μm，短棒的长度为 200~400nm。短棒多数分布于 DWCNTs 管壁或管束表

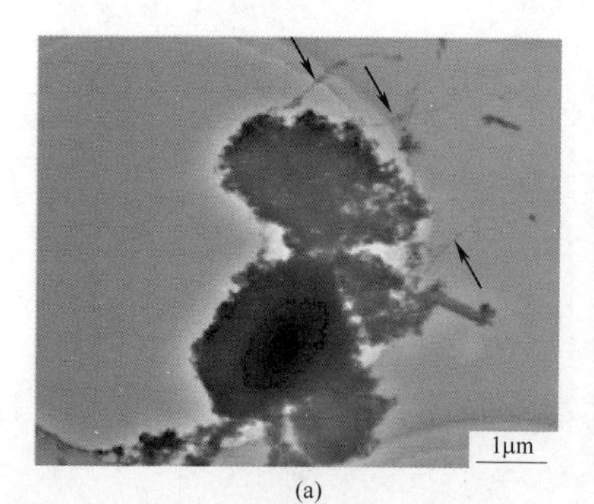

(a)

(b)

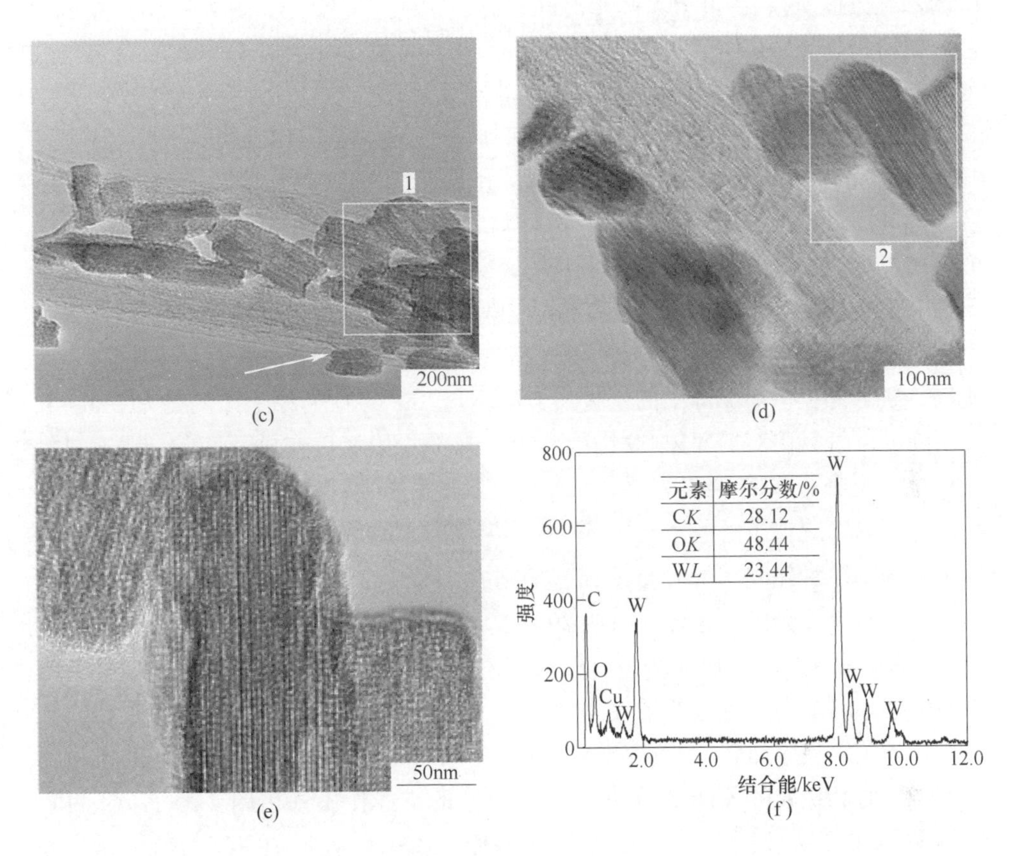


图 4-9 脱水产物 S2 的 TEM(a，b，c，d)、HRTEM(e)和 EDX(f)图

面上（如图中的黑色箭头所指）。还发现一些团聚体（白色方框所选区域），此团聚体有可能是棒状物之间的堆积，也可能是棒状物之间的粘连。$WO_3$ 纳米棒的长度与图 4-4 中 $WO_3$ 纳米棒的长度相比有明显的降低，主要是因为在 $H_2WO_4$ 几乎铺满 DWCNTs 管束的条件下，煅烧温度对以 DWCNTs 为模板的棒状 $WO_3$ 的形成有较大影响，温度升高有利于棒状物在 DWCNTs 表面上的长大，所以 600℃ 煅烧制备的 $WO_3$ 纳米棒 S2 的长度小于 650℃煅烧制备的 $WO_3$ 纳米棒 S1 的长度。对团聚体进一步观察，即对图 4-9（b）中白色方框所选的 1 号和 2 号区域进一步放大，分别得到图 4-9（c）和（d），样品中存在少数单根的 $WO_3$ 短棒（如图 4-9（c）中的白色箭头所指），直径约 100nm，长度约 300nm，该棒体呈有棱角的长方形结构，由煅烧过程中纳米棒状 $H_2WO_4$ 转化而来，主要是依靠模板剂 DWCNTs 对其承载并调节其生长方向。还发现在 DWCNTs 管束之上，沉积了大量短棒，尤其是在 DWCNTs 相互缠绕的地方，短棒黏结现象较为明显（如图 4-9（c）

中的白色方框所指)。此外,短棒之间也有少数粘连现象(如图 4-9(d)中的白色方框所指),说明 $H_2WO_4$ 在 DWCNTs 管束表面成核并沿着 DWCNTs 管束的长度方向进行生长,直接复制了 DWCNTs 管束的外形。

进一步对图 4-9(d)中白色边框所选区域进行 HRTEM 观察,得到图 4-9(e),可发现两种有序的晶体结构,其晶面间距分别为 0.32nm 和 0.38nm,从晶面间距及反应前所加入的反应物可判断该结构为 $WO_3$ 晶体,分别对应 $WO_3$ 的(020)和(002)晶面,通过 EDS 分析样品的化学成分,图 4-9(f)结果显示样品的主要成分是 C、W、O 和 Cu,其中 Cu 的出现可能是由于使用铜网支撑 $WO_3$ 制备 TEM 样品时引入。对所得样品进行微区成分分析,较高的 C 含量表明氮气气氛下保留了前驱体中的模板剂 DWCNTs。W 与 O 的原子比例略大于 1∶3,说明在氮气气氛中对前驱体 S0 进行煅烧,$H_2WO_4$ 脱水后变成了 $WO_3$,由于是缺氧环境,生成的 $WO_3$ 会失去部分氧。

为了更直观地了解脱水产物 S2 中 $WO_3$ 纳米棒的平均长度,利用 HRTEM 统计了较多根纳米棒的长度分布情况,如图 4-10 所示。由图 4-10 可以看出,$WO_3$ 纳米棒分布范围较广,主要分布在 200~400nm 之间,经高斯拟合[13]可知,产物 S2 中 $WO_3$ 纳米棒的平均长度为 269nm。这表明在氮气气氛中煅烧前驱体 S0,其中 DWCNTs 模板处于稳定存在的状态,不会发生化学变化,$H_2WO_4$ 纳米棒会因发生化学脱水反应而转变成 $WO_3$ 纳米棒。由于 DWCNTs 管束具有较强的机械力和韧性,对新生成的 $WO_3$ 纳米棒起到了很好的支撑作用(由图 4-9 可以证明),使得 $WO_3$ 的棒状形貌与 $H_2WO_4$ 的棒状形貌一脉相承。但与 650℃煅烧所得的长度为微米级的 S1 相比,长度降低了很多,主要是因为煅烧温度(600℃)有所降低,烧结驱动力更小,不利于 $WO_3$ 的长大。

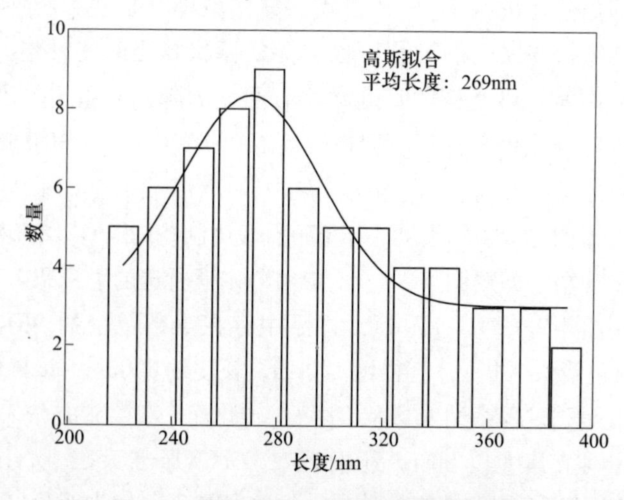


图 4-10　脱水产物 S2 的长度分布统计图

## 4.4.2 空气气氛下所得脱水产物 S3 的相组成与微观形貌分析

为了进行对比，将氮气气氛改成含氧 21% 的空气，将前驱体 S0 置于空气气氛中于相同的煅烧温度（600℃）下煅烧，使其脱水生成钨的氧化物（样品编号为 S3），对其进行相组成和微观形貌分析。

### 4.4.2.1 脱水产物 S3 的相组成分析

图 4-11 所示为前驱体 S0 在空气气氛中煅烧所得脱水产物 S3 的 XRD 图。由图 4-11 可知，$2\theta$ 在 23.2°、23.7°、24.5°、26.1°、28.9°、33.4°、34.0°、34.3°、35.7°、36.0° 和 50.1° 等位置出现的衍射峰一一对应于 $WO_3$ 的 (001)、(020)、(200)、(011)、(111)、(021)、(201)、(220)、(121)、(221) 和（400）等晶面，符合 PDF 卡片 01-075-2072，属于单斜相结构，这说明前驱体 S0 在空气气氛中于 600℃ 煅烧所得脱水产物 S3 的成分为 $WO_3$。没有发现石墨碳的衍射峰，说明前驱体 S0 中的 DWCNTs 模板在 600℃ 氧气气氛中发生氧化反应，生成二氧化碳，最终消失。此外，前驱体 S0 中的 $H_2WO_4$ 脱去化学结合水转化成的 $WO_3$（S3）的晶型与氮气气氛中所得 $WO_3$(S2）的晶型一样，都属于单斜相。这表明空气气氛中 DWCNTs 模板的消失不会对脱水产物 $WO_3$ 的晶型产生影响，同时尖锐的衍射峰意味着脱水产物 S3 具有较高的结晶程度。

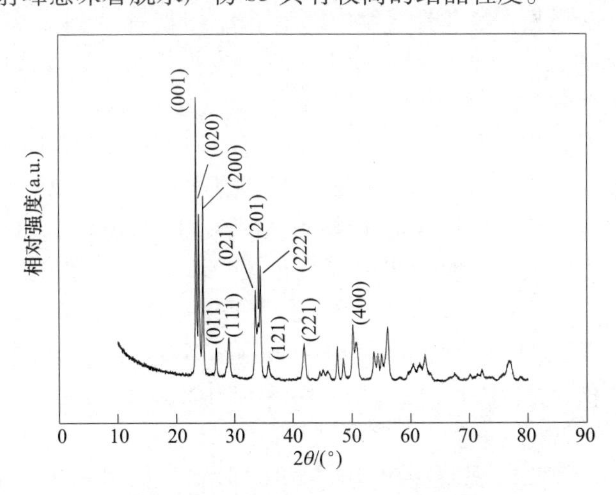


图 4-11 脱水产物 S3 的 XRD 分析

### 4.4.2.2 脱水产物 S3 的微观形貌分析

图 4-12 所示为前驱体 S0 在空气气氛中煅烧所得脱水产物 S3 的 SEM 图。观察图 4-12（a），与氮气气氛中煅烧所得产物 S2（见图 4-8）相比，前驱体 S0 在

空气（21% $O_2$）气氛中煅烧所得脱水产物 S3 在形貌上有明显的变化，基本上没有出现棱角分明的长棒。主要是由小颗粒聚集在一起形成的直径大于400nm 的较大团簇。进一步放大图 4-12（a），得到图 4-12（b），基本没有发现棱角分明的棒状结构边缘，出现的多数是边缘更为圆滑的短棒和准球形颗粒，相互堆垛在一起，尺寸为 50~100nm。

(a)

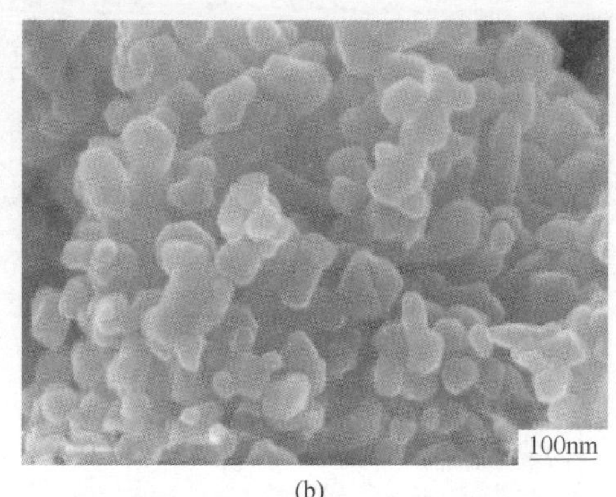


(b)

图 4-12　脱水产物 S3 的 SEM 照片

S3 呈现上述形貌的主要原因分析可能为：（1）$H_2WO_4$ 在脱水过程中容易发生折断。DWCNTs 模板在氧化性气氛中发生了氧化反应而消失，依附在其表面的 $H_2WO_4$ 纳米棒因厚度不均匀容易在脱水过程中发生折断，新生成的 $WO_3$ 由于较高的表面能而发生不同程度的收缩，导致其边缘几乎没有棱角，而变得更为圆滑。此外，相互搭连在一起的 $H_2WO_4$ 短棒也会因 DWCNTs 模板的消失而相互分离，在脱水时发生表面收缩，从而形成边缘圆滑的 $WO_3$。（2）气流对 S3 的冲刷。一方面，在空气气氛中煅烧前驱体 S0（DWCNTs/$H_2WO_4$），DWCNTs 模板在氧气作用下发生燃烧反应，释放出的二氧化碳气体从 S0 中逸出时形成气流，冲刷了 $H_2WO_4$ 的表面；另一方面，$H_2WO_4$ 发生了化学脱水反应转变成了 $WO_3$，释放出的水蒸气从 $WO_3$ 中逸出时形成气流，冲刷了 $WO_3$ 表面。这些冲刷力使 $WO_3$ 表面收缩，从而使 $WO_3$ 中几乎没有出现图 4-12 中出现的那种长度大于宽度的棒状物。

图 4-13 显示了 TEM 观察脱水产物 S3 的形貌。从图 4-13（a）中可发现，$WO_3$ 呈小尺寸颗粒，堆积在一起。对图 4-13（a）中白色边框所选部分进行放大，得到 4-13（b），大量边界分明的短棒堆积在一起，没有发现中空管状的管束，可判断其模板 DWCNTs 已经被除去。对图 4-13（b）中白色虚框所选区域进一步观察，得到图 4-13（c），$WO_3$ 仍呈短棒状，厚度较小，长度为 100~200nm，宽度 50~100nm，与氮气气氛所得产物 S2 的长度相比，长度有所降低。与氮气气氛下所得产物 S2 的形貌（长方形且有棱角）相比，有明显变化，形成没有棱角

的椭圆形纳米片，相互聚集在一起，纳米片之间的界面较为明显。主要是因为DWCNTs模板因发生氧化反应而消失，使部分$H_2WO_4$因缺乏支撑而发生断裂或结构塌陷，$H_2WO_4$表面因表面能较高而发生收缩，随之脱水形成更短的椭圆形$WO_3$纳米片。

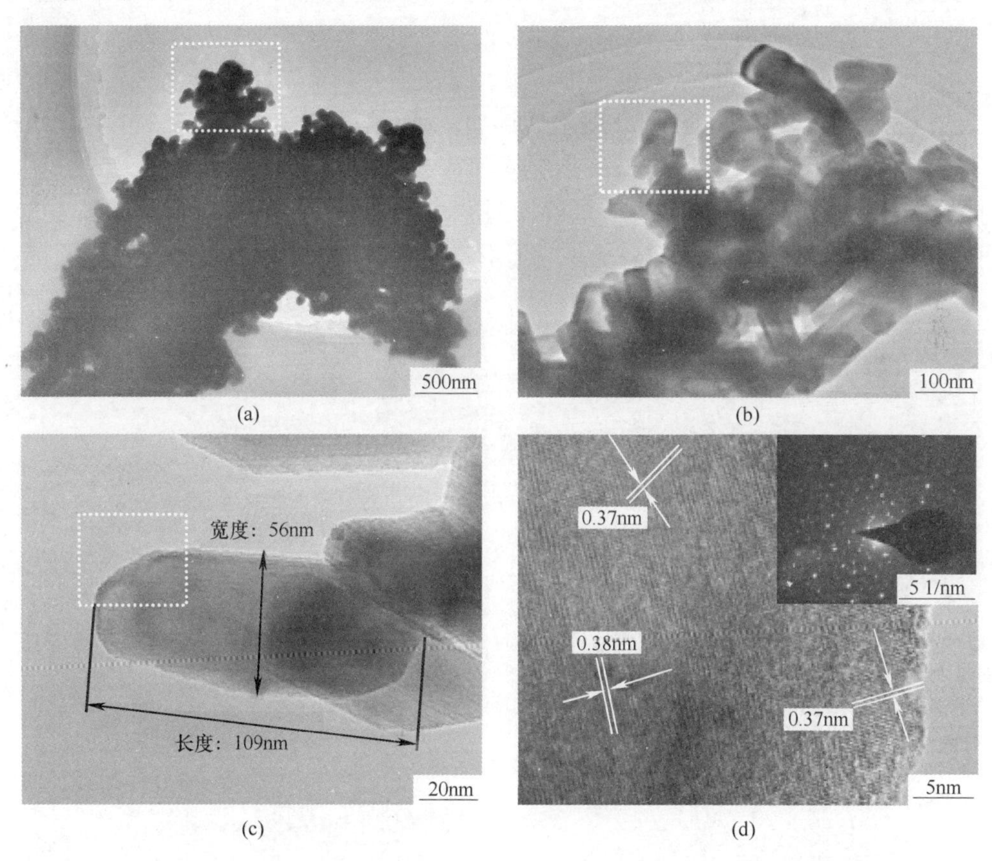


图 4-13 脱水产物 S3 的 TEM(a，b，c)、HRTEM(d)和 SAED(内置插图)图

对图 4-13（c）中白色虚框所选区域进一步放大，得到图 4-13（d）中的HRTEM图，可观察到$WO_3$的晶格条纹清晰并且规则，晶格间距分别为0.38nm和0.37nm，分别对应于单斜晶型$WO_3$的（001）和（020）晶面。同时对图4-13（c）中白色虚框所选区域进行了SAED分析，如图4-13（d）中的内置插图，规则的斑点表明，样品属于多晶体。

图4-14所示为图4-13（b）中部分团聚在一起的TEM和HRTEM特征图。图4-14（a）中的内插图为黑色边框所选区域的放大图，从中可以清楚观察到$WO_3$纳米片的边缘存在断裂和“缩颈”等晶体缺陷现象。由图4-13的分析可知，S3经乙醇超声分散后，表面结构比较规整，没有普遍发生边缘断裂的现象，说明边

缘断裂只是个别现象。导致这种现象的发生，一方面原因可能是在超声处理时，$WO_3$ 的缺陷部位或接近不完全部位发生断裂引起的；另一方面原因可能是 DWCNTs 模板在空气气氛中被氧化时导致 $WO_3$ 断裂引起的。

图 4-14（b）为图 4-14（a）中的白色边框所选区域的放大图。从图 4-14（b）可以清楚地观察到 $WO_3$ 纳米片的边缘呈现颜色不均匀的现象，仿佛是由于 $WO_3$ 表面发生了位错，但仔细观察，该部位的晶格条纹是连续的，说明此现象是由于纳米片之间的团聚和重叠引起的，而不是由晶体缺陷引起的。这种现象类似于图 4-14（c）中的白色方框所选区域，仔细观察，可看出纳米片重叠在一起，边界界限较为明显，颜色较深。对其进行 HRTEM 分析，如图 4-14（d）所示。仔细观察图 4-14（d），在重叠的边界处，晶格条纹清晰、规则，说明没有发生断裂。

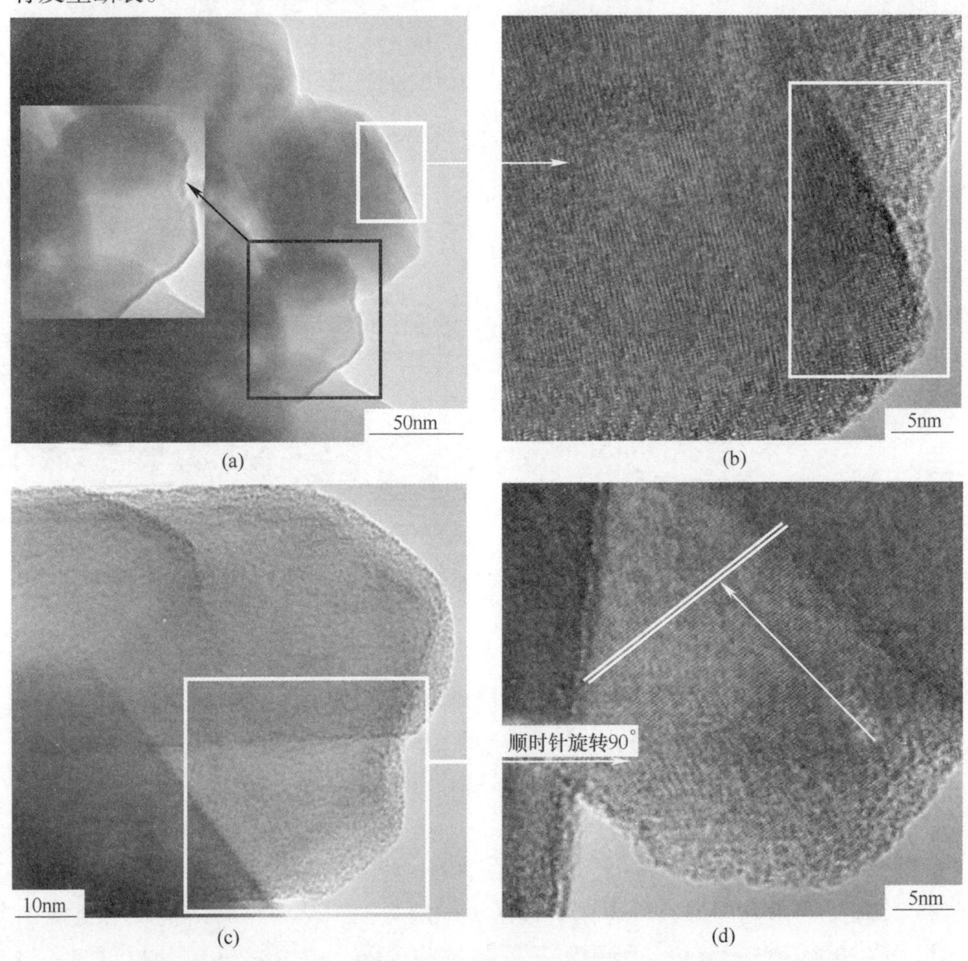


图 4-14　脱水产物 S3（典型团聚体）的 TEM（a～c）和 HRTEM（d）图

综上所述，前驱体 S0 在空气气氛中煅烧所得脱水产物 S3 呈薄片状结构，与氮气气氛下所得产物 S2 相比，尺寸有所减小，$WO_3$ 薄片之间没有发生明显的粘连。

为了更直观地了解 $WO_3$ 纳米棒的平均长度，利用 HRTEM 统计了许多根纳米棒的长度分布情况，如图 4-15 所示。由结果可以看出，多数纳米片长度在 50～240nm 之间，主要分布在 100～180nm 范围内。经高斯拟合，其平均长度在 154nm。再次证明，经空气气氛煅烧后，所得产物 S3 的长度比相同条件下氮气气氛中所得产物 S2 的长度有所降低。主要是由于氧气的参与使 DWCNTs 模板因氧化而消失，从而使依附在 DWCNTs 模板上的 $H_2WO_4$ 失去了支撑而变得易于折断，特别是在 $H_2WO_4$ 发生化学脱水反应转变为 $WO_3$ 的过程中容易发生断裂，使最终得到的 $WO_3$ 纳米棒的长度变短。

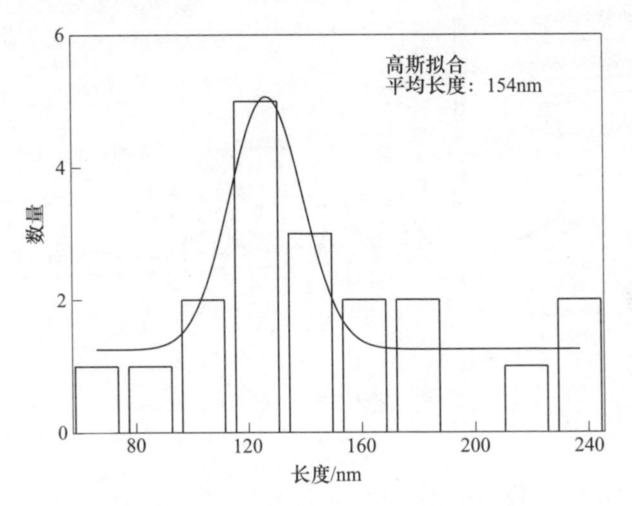


图 4-15　脱水产物 S3 的长度分布统计图

### 4.4.3　氧气气氛下所得脱水产物 S4 的相组成与微观形貌分析

为了与前面氮气和空气气氛煅烧产物进行对比，将气氛换成 100% 的纯氧，即将前驱体 S0 在氧气气氛中煅烧，使其脱水生成钨的氧化物 S4，对其进行组成和形态的分析。

#### 4.4.3.1　脱水产物 S4 的相组成分析

对脱水产物 S4 进行 XRD 分析，由图 4-16 可知，$2\theta$ 在 23.2°、23.7°、24.5°、26.1°、28.9°、33.4°、34.0°、34.3°、35.7°、36.0° 和 50.1° 等位置上出现的衍射峰一一对应于 $WO_3$ 的（001）、（020）、（200）、（011）、（111）、（021）、（201）、（220）、（121）、（221）和（400）等晶面，与标准衍射峰（PDF 卡片

01-075-2072）是一致的，说明前驱体 S0 在氧气气氛中 600℃煅烧所得脱水产物 S4 的成分为 $WO_3$，属于单斜晶型。前驱体 S0 中的 DWCNTs 因高温下氧气的存在而发生氧化反应，最终消失。前驱体 S0 中的 $H_2WO_4$ 由于脱水转化成 $WO_3$ 的晶型与氮气和空气气氛中得到的产物 $WO_3$ 的晶型相同。可见氧气的存在与否以及含量对该前驱体 S0 的产物 $WO_3$ 的晶型不产生影响。

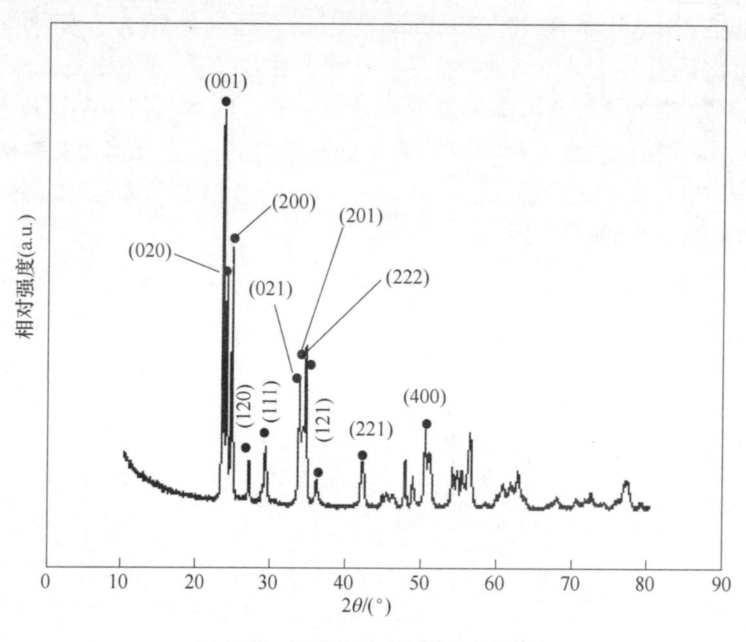


图 4-16　脱水产物 S4 的 XRD 分析

#### 4.4.3.2　脱水产物 S4 的微观形貌分析

图 4-17 所示为前驱体 S0 在氧气气氛中煅烧所得脱水产物 S4 的 SEM 图。从图 4-17（a）中可观察到，脱水产物 S4 的形貌与空气气氛下煅烧所得脱水产物 S3 的形貌相似，但尺寸更为一致，分布更为均匀，也没有出现棱角分明的长棒。进一步对其放大，得到图 4-17（b），可见，S4 呈类球状，属于纳米尺寸。小尺寸约为 20nm，大尺寸约为 100nm，S4 的边缘更为圆滑，基本上呈立方体形貌，而棒状结构基本上没有出现。颗粒相互堆积在一起，但是没有明显的粘连。主要原因分析如下：第一，在 DWCNTs 管束表面上依附着厚度不均匀的前驱体 DWCNTs/$H_2WO_4$ 纳米棒，随着模板 DWCNTs 的消失，$H_2WO_4$ 纳米棒因失去了支撑而发生折断。在纯氧气氛中，由于其含氧量（100%）高于空气的含氧量（21%），DWCNTs 模板发生氧化反应的速度更快，$H_2WO_4$ 纳米棒在脱水过程中折断的程度更大，阻碍了新生成 $WO_3$ 的长大，从而使新生成的 $WO_3$ 具有更小的尺寸，同时由于较高的表面能而发生不同程度的收缩，其边缘更为圆滑；第二，纯氧气含

(a) (b)

图 4-17 脱水产物 S4 的 SEM 图

氧量为 100%，而空气含氧量仅为 21%，因此煅烧过程中，前驱体 S0 中的 DWCNTs 在氧气作用下发生燃烧反应，单位时间内释放的二氧化碳气体量明显高于在空气气氛中煅烧前驱体时 DWCNTs 模板所释放出的二氧化碳气体量，所以从产物中逸出的气流速度和强度更高，冲刷着 $WO_3$ 表面的力度更大，所以得到的脱水产物 S4 的边缘更为圆滑。

为了进一步详细观察图 4-17 中 S4 的微观形貌和尺寸，对其进行了 TEM 观察。图 4-18（a）和（b）中的 TEM 图显示氧气气氛煅烧所得脱水产物 S4 的形貌与空气气氛所得脱水产物 S3 的形貌相似，呈小尺寸薄片状，但经氧气处理后，产物的末梢更为圆滑，尺寸更小，分布更为均匀。仔细观察，新形成的纳米片的长度约为 100nm，片与片之间基本没有发生严重的团聚现象。一方面是因为氧气气氛中单位时间内 DWCNTs 氧化释放的二氧化碳速度比空气条件中的更快，也就是 DWCNTs 的燃烧速度更快，棒状前驱体由于失去了 DWCNTs 的支撑而发生剧烈的断裂，同时断裂过程中转化成的 $WO_3$ 在二氧化碳的影响下也会相互分离，表面发生收缩，从而形成圆滑的边缘；另一方面是因为 DWCNTs 氧化过程中生成的二氧化碳会随着反应进行逐渐从产物中逸出，相当于疏松剂，有效阻碍了煅烧过程中产物之间的二次团聚。对图 4-18（b）中所选区域进行放大，得到图 4-18（c），纳米片的长度近似等于宽度，片与片之间的边界较为清晰，长度尺寸与空气气氛处理所得产物的尺寸相比有所减短。氧气气氛中煅烧前驱体 S0，DWCNTs 与氧气发生燃烧反应，伴随着 DWCNTs 的消失，导致 $WO_3$ 棒折断，形成尺寸更小的 $WO_3$ 纳米片，其边缘较为圆滑，主要原因是 $WO_3$ 棒折断的同时，由于表面张力使其收缩，致使其边缘呈圆形。图 4-18（d）所示为样品的 HRTEM 和 SAED 图，HTRTEM 图显示晶格条纹清晰并且规则，晶格条纹间距分别为 0.385nm，对应于四方晶型的（001）晶面。图 4-18（d）中的内插图为 SAED 图，规则的斑点表明，样品属于多晶体。

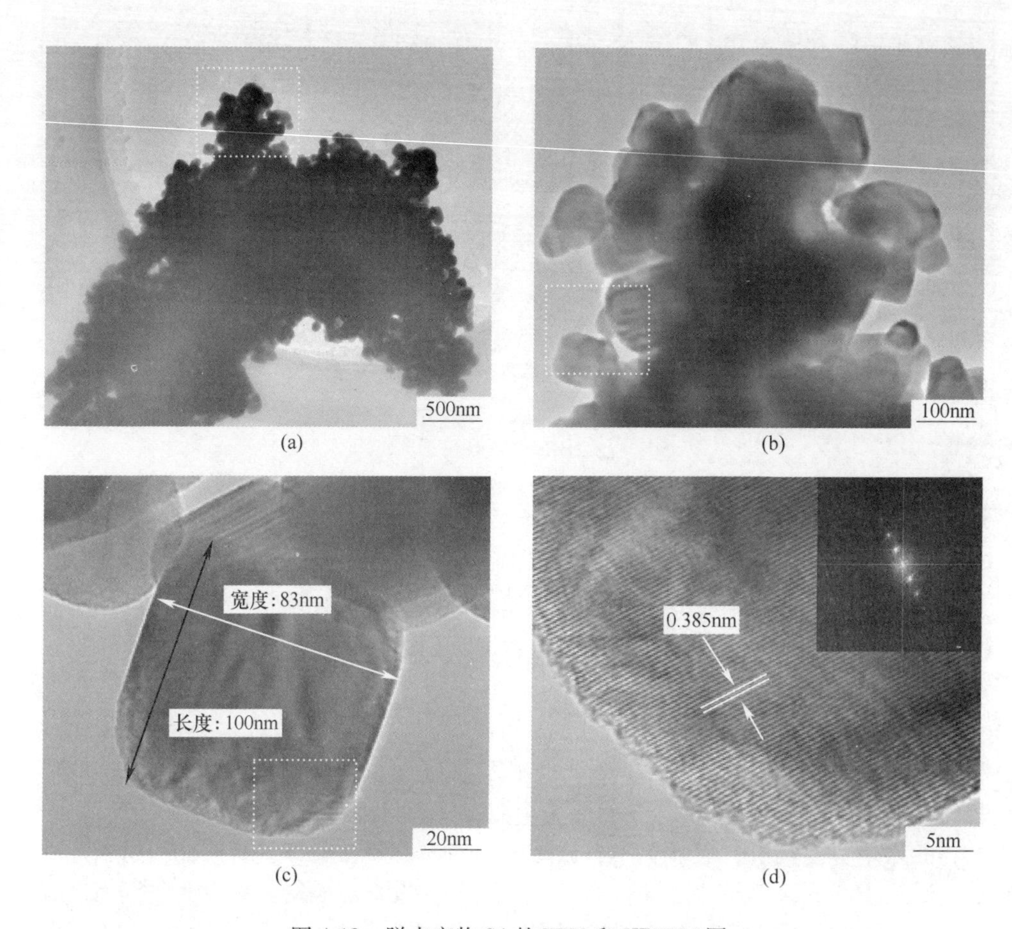


图 4-18　脱水产物 S4 的 TEM 和 HRTEM 图

为了更直接地了解氧气气氛中所得 $WO_3$ 纳米棒的平均长度变化情况，利用 HRTEM 统计了较多根纳米棒的长度分布情况，如图 4-19 所示。由结果可以看出，大多数的纳米棒直径在 60～160nm 之间，主要分布在 80～120nm 范围内。经高斯拟合，其平均长度在 106nm。可见经氧气气氛煅烧后，纳米棒的长度比空气气氛下煅烧所得产物的长度有所降低。一方面是因为氧气气氛中的含氧量（100%）高于空气中的含氧量（21%），煅烧过程中，前驱体 S0 中的 DWCNTs 模板在纯氧气作用下发生的燃烧更剧烈，伴随着 DWCNTs 模板的消失，$H_2WO_4$ 纳米棒因失去支撑而发生折断程度更大；另一方面是因为其产生的二氧化碳气体量比在空气中煅烧释放出的二氧化碳气体量更大，当二氧化碳气体从体系中逸出时，新生成的 $WO_3$ 纳米片之间因为二氧化碳的干扰而不会发生严重的团聚，最终得到的片状 $WO_3$ 的尺寸更小。

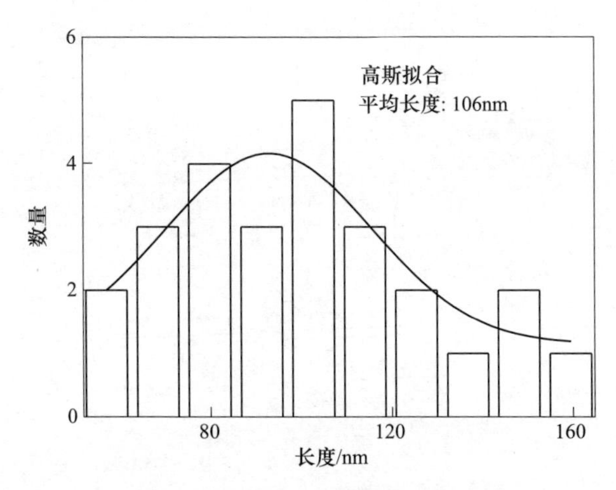


图 4-19　脱水产物 S4 的长度分布统计图

### 4.4.4　氧化钨纳米棒的剪切机理探讨

本章采用模板辅助合成的思想，即从具有一维定向作用的模板剂 DWCNTs 出发，使 $H_2WO_4$ 在 DWCNTs 管壁或管束表面进行成核与生长。在此过程中，模板剂主要起到一维限定与导向的作用。所以合成的 $H_2WO_4$ 具有与 DWCNTs 模板相同的一维结构形貌特征。此后，将前驱体 DWCNTs/$H_2WO_4$ 置于惰性气氛中煅烧，在保留 DWCNTs 模板的一维定型骨架的同时生成纳米棒状结构 DWCNTs/$WO_3$；而在氧化性气氛中煅烧前驱体 DWCNTs/$H_2WO_4$，伴随模板剂 DWCNTs 的消失，可对纳米棒状 $WO_3$ 进行长度剪切。

为了更形象地展示氧气对 $WO_3$ 纳米棒进行剪切的过程，采用模型图对不同气氛中制备纳米 $WO_3$ 的过程进行直观的表达（见图 4-20），并阐述了氧气在 $WO_3$ 生长过程中的长度调节作用。

当反应气氛为氮气（0%$O_2$）时，在煅烧过程中，$H_2WO_4$ 沿着 DWCNTs 管束外表面进行生长，随着煅烧温度的升高，$H_2WO_4$ 发生化学分解、脱水，水蒸气挥发会影响 $H_2WO_4$ 在 DWCNTs 表面的生长，$H_2WO_4$ 在 DWCNTs 表面覆盖相对较薄的部位，会发生断层现象，形成相对较长、边缘有棱角的 $WO_3$ 纳米棒（S2）。在此，DWCNTs 作为一维定型骨架，虽然在其外表面的某些部位存在着不连续的 $WO_3$ 纳米短棒，但以 DWCNTs 的机械强度和韧性，足以承载 $WO_3$ 纳米短棒。

随着氧气含量（21%）的增加，即在空气气氛中煅烧前驱体 DWCNTs/$H_2WO_4$，DWCNTs 发生氧化而释放出二氧化碳气体，相当于增加了体系中的外力因素，从而使 $H_2WO_4$ 转变为 $WO_3$ 的过程中，当 $H_2WO_4$ 在 DWCNTs 表面覆盖不均匀的部位，折断现象就更明显。此外，由于反应过程中生成的二氧化碳气体不

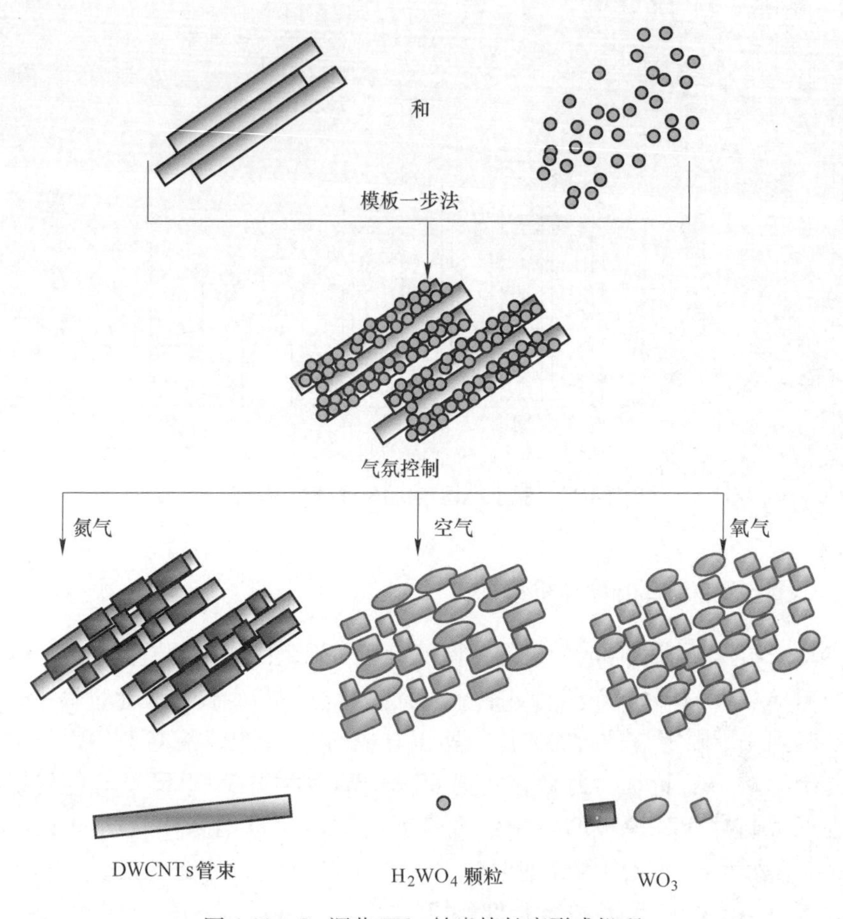


图 4-20　$O_2$ 调节 $WO_3$ 纳米棒长度形成机理

断地从体系中逸出，降低了产物的表面能，促使了产物表面进行收缩，有效阻碍了产物之间的二次团聚，从而使短棒之间粘连现象有所减少，最终产物中多数是长度大于宽度、边缘圆滑的 $WO_3$ 纳米棒，也有极少部分棒状的四角圆滑，但边缘似呈方形结构（S3）。

当氧气含量为 100% 时，即在纯氧气氛中煅烧前驱体 DWCNTs/$H_2WO_4$，在相同时间内，DWCNTs 发生氧化反应的剧烈程度相比空气气氛中更为剧烈，增加了 DWCNTs 因燃烧释放出的二氧化碳的速度和数量。随着生成二氧化碳速度的加快，$H_2WO_4$ 纳米棒的断裂程度就越大，新生成的 $WO_3$ 纳米棒的长度就更小，$WO_3$ 纳米棒表面的收缩力就增大，$WO_3$ 纳米棒的边缘就越圆滑。随着单位时间内生成的二氧化碳数量的增多，新生成的 $WO_3$ 纳米棒之间二次团聚的阻力就更大，使 $WO_3$ 纳米棒的分布比较均匀（S4）。与空气气氛中所得产物相比，尺寸更小。由于纳米结构 $WO_3$ 的尺寸小、比表面能高、比表面原子数多以及表面原子近邻配位不全，从而导致其活性较大以及体积远小于块体材料，因此，纳米结构 $WO_3$ 熔化时所需增加的内能比块状材料小得多，因此其熔点可能急剧降低，会引起煅烧产物紧密结合在一起，发生固相烧结现象。而本章通过 DWCNTs 模板调节与气氛干预双重作用的生长机制，即在模板剂 DWCNTs 的调节作用下，制备了纳米棒状 $H_2WO_4$，并且有效缓解了煅烧过程中纳米尺寸 $WO_3$ 之间发生的团聚现象。此外，在氧气气氛的干预下，通过对 DWCNTs 的消除，达到了对纳米棒状 $WO_3$ 进行剪切的目的。

## 4.5 本章小结

本章利用具有空间“限域”功能和一维结构导向功能的高分散 DWCNTs 管束作为模板，成功合成了纳米棒状 $H_2WO_4$ 和 $WO_3$。研究了煅烧气氛对 $WO_3$ 纳米棒长度的影响，发现利用氧气对 $WO_3$ 纳米棒进行剪切，效果显著，有望进一步扩大一维纳米 $WO_3$ 的应用范围，主要结论如下：

（1）当 DWCNTs 与 $Na_2WO_4 \cdot 2H_2O$ 的比例为 1∶14 时，沉积在 DWCNTs 管束表面的 $H_2WO_4$ 呈纳米棒状，直径为 8~50nm，并沿着（220）和（002）晶面生长。经 BET 方法计算出前驱体 DWCNTs/$H_2WO_4$ 的比表面积为 39.1$m^2/g$。经氮气气氛煅烧所得的 $WO_3$ 呈棒状结构，其形貌遗传了一维纳米结构 DWCNTs 和 $H_2WO_4$ 的形貌，直径为 8~100nm，比表面积为 16.4$m^2/g$。

（2）在同一煅烧温度（600℃）下，通过控制反应气氛，可以调节 $WO_3$ 纳米棒的长度。在氮气气氛中煅烧前驱体，得到的产物呈长方形且有棱角的 $WO_3$ 纳米片并依附在 DWCNTs 表面；在空气气氛中煅烧前驱体，得到的产物呈椭圆形没有棱角的 $WO_3$ 纳米片；在氧气气氛中煅烧前驱体，得到的产物呈正方形且棱角圆滑的 $WO_3$ 纳米片。在相同的气体流量条件下，通过控制氧气含量可以控制 DWCNTs 燃烧生成二氧化碳的速度，从而使 $H_2WO_4$ 纳米棒的断裂程度与表面收缩程度得到控制，达到对 $WO_3$ 纳米棒长度进行剪切的目的。

（3）采用“模板调节”与“气氛干预”两种手段对 $WO_3$ 的形貌与尺寸进行控制。“模板调节”作用主要体现在，使 $H_2WO_4$ 直接在 DWCNTs 管束的表面成核，并沿其表面生长，最终 $H_2WO_4$ 和 $WO_3$ 复制了 DWCNTs 模板的外形，形成了纳米棒状结构。“气氛干预”作用主要体现在，在惰性（氮气）气氛中煅烧前驱体 DWCNTs/$H_2WO_4$，使 $H_2WO_4$ 在 DWCNTs 表面发生化学脱水形成长棒状 $WO_3$。在氧化性（空气或氧气）气氛中煅烧前驱体 DWCNTs/$H_2WO_4$，模板剂 DWCNTs 被气氛中的氧气所氧化，释放出二氧化碳，导致 $H_2WO_4$ 在高温下发生化学脱水生成 $WO_3$ 的过程中发生断裂，形成短棒状或片状结构 $WO_3$。

（4）模板剂 DWCNTs 在氮气和氧气气氛中表现出两种不同功能。在氮气气氛中煅烧前驱体 DWCNTs/$H_2WO_4$，其中模板剂 DWCNTs 对脱水产物起到支撑和结构导向的作用；而在氧气气氛中煅烧前驱体 DWCNTs/$H_2WO_4$，其中模板剂 DWCNTs 对脱水产物起到长度剪短的作用。

（5）氧气对 $WO_3$ 纳米棒的剪切作用主要表现在：第一，DWCNTs 因氧化而消失，导致 $WO_3$ 纳米棒失去支撑物，发生塌陷，甚至使部分 $WO_3$ 长棒因失去支撑而发生折断；第二，DWCNTs 因氧化释放出的二氧化碳气体，相当于疏松剂，从而使所得脱水产物 $WO_3$ 的结构较为疏松，缓解了二次团聚。

## 参考文献

[1] Meng D, Shaalan N M, Yamazaki T, et al. Preparation of tungsten oxide nanowires and their application to $NO_2$ sensing [J]. Sensor Actuat B: Chem., 2012, 169 (4): 113~120.

[2] Wang X, Hsing L M, Yue P L. Electrochemical characterization of binary carbon supported electrode in polymer electrolyte fuel cells [J]. J. Power Sources, 2001, 96 (2): 282~287.

[3] Li J H, Lee K I, Lu X K, et al. In-situ growth of pine-needle-like tungsten oxide nanowire arrays on carbon nanofibers [J]. Mater Lett., 2013, 99: 131~133.

[4] Jacques L, Benoît V, Bernard D. Control of the catalytic activity of tungsten carbides: I. Preparation of highly dispersed tungsten carbides [J]. J. Catal., 1986, 99 (2): 415~427.

[5] Nikolov I, Nikolova V, Vitanov T, et al. The effect of method of preparation on the catalytic activity of tungsten carbide [J]. J. Power Sources, 1979, 4 (1): 65~75.

[6] Maiyalagan T, Kannan P, Jonsson-Niedziolka, et al. Tungsten carbide nanotubes supported platinum nanoparticles as a potential sensing platform for oxalic acid [J]. Anal. Chem., 2014, 86 (15): 7849~7857.

[7] Jiang L M, Fu H G, Wang L, et al. Nanocrystalline tungstic carbide/graphitic carbon composite: synthesis, characterization, and its application as an effective Pt catalyst support for methanol oxidation [J]. J. Solid State Electr., 2014, 18 (8): 2225~2232.

[8] Wu Z P, Wang J N, Ma J. Methanol-mediated growth of carbon nanotubes [J]. Carbon, 2008; 47 (1): 324~327.

[9] Zhou L, Zou J, Yu M M. Green synthesis of hexagonal-shaped $WO_3 \cdot 0.33H_2O$ nanodiscs composed of nanosheets [J]. Crystal Growth & Design, 2008, 8 (11): 3993~3998.

[10] Kasian Nataliia, Yaremov Pavel S, Shvets Oleksiy V, et al. Influence of thermal treatments on phase composition and acidity of mesoporous tungsten oxide [J]. Micropor. Mesopor. Mat., 2014, 194: 15~23.

[11] Hanzawa Y, Hatori H, Yoshizawa N, et al. Structural changes in carbon aerogels with high temperature treatment [J]. Carbon, 2002, 40 (4): 575~581.

[12] Slanina Z, Crifo J F. A refined evaluation of the gas-Phase water-dimerization equilibrium constant within non-rigid BJH- and MCY-type potentials [J]. Int. J. Thermophys., 1992, 13 (3): 465~476.

[13] 王丽丽，胡中文，季杭馨．基于高斯拟合的激光光斑中心定位算法［J］．应用光学，2012，33（5）：985~990.

[14] Silva C L T D, Camorim V L L, Zotin J L, et al. Surface acidic properties of alumina-supported niobia prepared by chemical vapour deposition and hydrolysis of niobium pentachloride [J]. Catal. Today, 2000, 57 (3): 209~217.

# 5 氧化钨的直接碳化及电催化性能

## 5.1 概述

WC 催化剂对大部分有机反应都具有较好的催化活性[1]，如烃类芳构化、烷基化、酰基化及脂化等需要催化的反应。WC 主要晶面上的原子排列与 Pt 相类似，使其不仅在加氢、脱氢反应中表现出“类 Pt”的高催化活性，而且对芳香族硝基化合物的电还原、甲醇电催化氧化等也具有一定的电催化活性。对 WC 作为阳极催化剂的研究是因为它除了具有催化性能外，还不易被 CO 毒化，有文献报道 WC 对任何浓度的 CO 都是完全免疫的。Henry 等人利用程序控温脱附（TPD）、高分辨率电子能损失谱（HTEELS）和俄歇光电子能谱（AES），研究对比了甲醇在洁净钨（111）面和 WC 修饰的钨（111）面上的分解反应[2]。Liu 等人研究了甲醇、水和氢气在 WC 表面的催化反应，研究结果表明 Pt 修饰的 WC 有望应用于直接甲醇和氢气燃料电池用阳极电催化剂[3]。与 Pt 的电催化性能相比，WC 的电催化性能虽有很大提高，但 WC 电极上的氢的氧化反应速度常数要比 Pt 电极上的小 2 个数量级，甲醇氧化的活性则更低，每平方厘米仅几十微安，难以满足实际电催化剂的使用要求[4]。因此，如何提高 WC 的催化活性是研究重点和难点。当前，提高 WC 催化性能的一个重要方法就是将 WC 高度分散在具有高比表面积和中孔结构的载体上，载体的高比表面积有利于提高其与反应物的接触面积，适当的中孔结构有利于减小其与反应物和中间体之间的传输转移力。

WC 的形貌与尺寸对其电催化性能具有很大影响，而 WC 的形貌与尺寸又受其前驱体影响。所以，制备一定形貌与尺寸的 WC 前驱体对提高 WC 的电催化性能至关重要。$WO_3$ 是制备 WC 的重要钨源[5]，WC 的性能与 $WO_3$ 原料密切相关。对大尺寸纳米棒状结构 $WO_3$ 进行直接碳化，由于碳化温度很高，必然会导致 $WO_3$ 因棒体之间相互缠绕及聚集而形成尺寸异常粗大的 WC[6]。如能在碳化前对纳米棒状结构 $WO_3$ 进行剪切得到短棒状或纳米片状 $WO_3$，则可以有效缓解碳化过程中产物的团聚，便于得到小尺寸棒状或片状 WC，并将进一步扩大纳米棒状结构 $WO_3$ 的应用价值，特别是其在纳米棒状或片状 WC 的制备与应用领域的价值。目前，对纳米棒状结构 $WO_3$ 进行剪切的同时直接碳化制备纳米棒状或片状结构 WC 的报道较少。要得到 WC，还需要利用碳源对上述的钨源进行还原碳化。一般传统方法是采用固态碳源或气态碳源对钨源进行碳化。其中固态碳源需通过与钨源相接触进行短距离扩散来完成碳化过程，这将导致碳化反应温度高、速度慢、时间长、所得产物尺寸大等一系列问题。而一般采用的气态碳源（一氧化碳、甲烷等含碳源气体）需配合还原性气体对钨源进行碳化还原，在此过程中，一氧化碳气体在使用过程中不安全，甲烷气体成本较高并且使用不安全。本书采用无水乙醇作为液态碳源，以惰性气体作为保护气体及载气把液态碳源（无水乙醇）快速输送高温反应区，在反应区，乙醇裂解成含碳气体和还原性气体，使钨源在反应区发生碳化还原反应，得到最终产物 WC。

本章以纳米棒状结构 DWCNTs/$H_2WO_4$ 作为钨源前驱体，在氧气气氛中对 $H_2WO_4$ 脱水及除去 DWCNTs 的同时，利用氧气将 $WO_3$ 长棒剪切成短棒或纳米片，之后利用无水乙醇在高温下分解出的气态碳原子直接接触 $WO_3$，进而实现在较低温度、较快扩散速度以及较短时间内完成 $WO_3$ 的原位碳化还原过程，以期能够得到小尺寸棒状或片状 WC(T12)。为了进行对比，将空气气氛所得 $WO_3$ 作为钨源进行碳化，得到 WC(T13)。在 WC(T12) 和 WC(T13) 表面进行负载贵金属 Pt 颗粒，分别得到 WC (T12)-Pt 和 WC (T13)-Pt 催化剂，同时对其电催化性能进行测试，并分析了 WC 与 Pt 之间的协同催化效果。

## 5.2 实验方法

### 5.2.1 氧化钨的直接碳化

根据 $WO_3$ 与 WC 在还原碳化时是否连续，在制备方法上可将其分成两大类：还原碳化二步法和还原碳化一步法。使用还原碳化一步法制备 WC 可大大地缩短工艺流程，提高 WC 的制备效率，获得的 WC 具有较好的均一性和较小尺寸。

本章采用还原碳化一步法，具体是利用程序升温与原位碳化还原相结合的方法（实验装置如图 5-1 所示），即在反应炉内程序控制升温与保温，首先通入氧气，将纳米棒状 $H_2WO_4$ 转化成片状 $WO_3$，并以该片状 $WO_3$ 作为钨源，向反应炉内通入保护性气体和无水乙醇，在高温下，无水乙醇分解出含碳气体和还原性气体，对片状 $WO_3$ 表面进行原位渗碳还原，完成由 $WO_3$ 到 WC 的碳化过程。碳化步骤主要包括：称取 0.5g 棒状 DWCNTs/$H_2WO_4$ 作为钨源前驱体，置于刚玉反应舟中，并将刚玉反应舟推到反应炉炉管内的中间位置，用法兰密封炉管的两端并及时控制反应管内气氛，将塑胶管与反应装置用三通接口连接好；通入氧气，按设定好的程序升温，炉温从室温到 600℃ 过程中，使纳米棒状 $H_2WO_4$ 脱水转变为纳米 $WO_3$，此时一直通入氧气，并及时将尾气排出；600℃ 保温 0.5h 后，停止通氧气，并迅速改为氮气 0.5h，以保证反应管内氧气被排尽；通入液态碳源。抽取一定量无水乙醇放入注射泵内，调整程序以设定其进入反应管内的注射速度，无水乙醇在氮气带动和注射泵的推力下进入反应管，以 600℃ 为起始碳化温度，当达到最高碳化温度时，维持一定的碳化时间。之后，通入一定的氢气和氮气混合气除去产物中的游离碳。在碳化过程中必须保证氮气充足并且通畅地进入反应区，以确保反应管内气氛良好，样品不被氧气所氧化；碳化反应结束后，反应炉开始执行降温程序，当温度降到 300℃ 时，关闭反应炉和炉管阀门，关掉电源。当程序温度降到室温时，关闭氮气，取出产物；将取出的最终产物立即装入密封袋，利用真空封装机进行封装，确保其中的 WC 不被氧化。

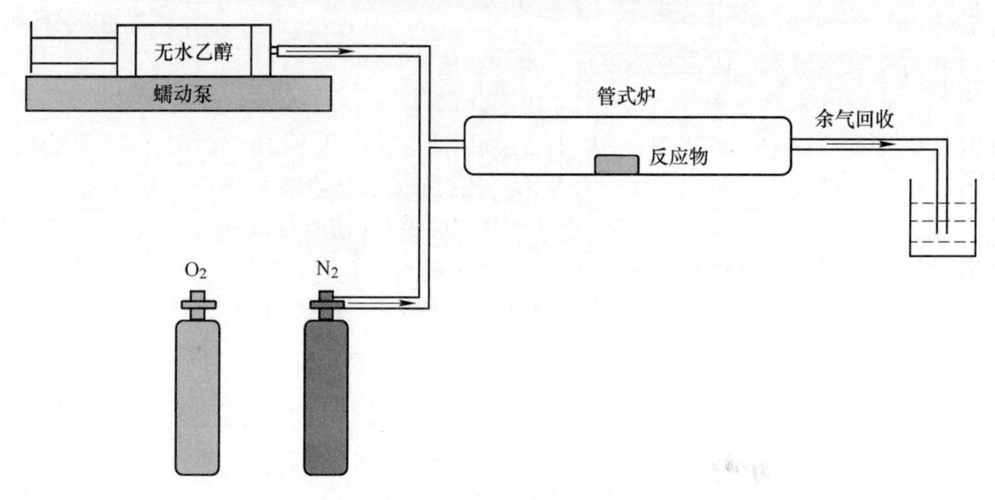


图 5-1 WC 的制备装置

研究内容主要包括：相同碳化温度下不同碳源量（15mL、10mL、5mL、3mL）对碳化产物组成的影响；相同碳源量下不同碳化温度对碳化产物组成的影响，即在通入相同碳源量和相同起始碳化温度（600℃）的前提下，设定不同的最高碳化温度，初期实验是以 900℃、1000℃ 、1100℃ 等为最高温度，后期实验以 700℃、800℃、900℃、950℃ 等为最高碳化温度，以此来研究碳化温度对碳化产物组成的影响；WC-Pt 催化剂的制备及电催化性能研究。采用 XRD、TEM、BET、TG 和 DTA 等测试手段对碳化产物进行分析。

### 5.2.2 碳化钨负载铂的电化学性能检测

循环伏安法是一种比较常用的电化学研究方法。循环伏安（cyclic voltammetry，CV）曲线反映了催化剂催化氧还原反应的本征活性，其测试在 CHI 760 电化学工作站上进行。具体方法是在电极上施加一线性扫描电压，控制电极电势以不同的速率，并记录电流-电势（$I$-$\varphi$）曲线。根据曲线形状可以判断电极反应的可逆程度、中间体、相界面吸附或新相形成的可能性等。工作电极上的电位大小要求另一支电极为稳定电位的参比电极，实际上由于电解池的电流很大，一般不容易找到这种参比电极，故一般的电化学工作站只能再加一支辅助电极组成三电极体系来进行伏安分析。在三电极体系中，饱和甘汞电极（SCE）作为参比电极，铂片电极作为对电极，催化剂修饰的玻碳电极（直径为 3mm）作为工作电极。本章利用CV法来表征催化剂的活性，可以直接从CV曲线中的峰电流直观地看出Pt催化剂的催化能力，也可以利用经验公式对CV曲线进行分析，得到催化电极中所担载Pt的电化学活性面积。此外，还利用线性扫描伏安法（LSV）来表征催化剂的ORR过程及机理。

#### 5.2.2.1 碳化钨负载铂的制备

制备碳化钨负载铂（WC-Pt）的主要步骤如下：

（1）取45mg WC加入100mL乙二醇中，在超声波清洗器中超声分散1h。

（2）将上述分散好的样品倒入圆底烧瓶中，再依次加入96mL去离子水，4mL浓度为3.32g/L氯铂酸（$H_2PtCl_6$）水溶液（含5mg Pt），在磁力搅拌器上进行油浴回流加热，温度达到140℃时，保温6h。

（3）待实验结束后，等溶液自然降温至室温，停止搅拌，将样品进行过滤洗涤，具体是用微孔滤膜抽滤，依次使用去离子水和乙醇对其进行多次洗涤，置于真空干燥箱中进行常温干燥，得到WC-Pt电催化剂样品。Pt的负载量为10%。

#### 5.2.2.2 工作电极的制备

工作电极的制备步骤如下：

（1）称取5mg WC-Pt样品，加入200μL乙醇和5μL Nafion（Dupont，质量分数为0.5%）溶液，在超声波中超声0.5h，使之成为墨汁状催化剂溶液。

（2）在洁净的表面皿中加入适量无水乙醇，将麂皮浸入其中，并加入少量$Al_2O_3$抛光粉，垂直握住玻碳电极在麂皮上进行打磨，直至电极表面光亮平滑，取出，待自然干燥备用。打磨过程中，用$Al_2O_3$抛光粉打磨抛光，以去除暴露在空气中所生成的氧化层及吸附的杂质，目的是将玻碳电极事先经过活化处理。

（3）用10μL的微量进样器抽取5μL上述墨汁状催化剂溶液；将催化剂滴在玻碳电极表面，待其覆盖住玻碳电极表面，并达到相应量时，停止滴电极，待自然干燥，即得所需工作电极。

#### 5.2.2.3 电化学性能测试

CV实验测试过程如下：

（1）在电解槽里加入0.5mol/L的$H_2SO_4$或$H_2SO_4$+$CH_3OH$溶液作为电解液，通入$N_2$将电解液里的氧气等杂质气体赶出。插入三电极，即以涂有催化剂的玻碳电极为工作电极，铂电极为对电极，饱和甘汞电极（SCE）为参比电极，其中甘汞电极里KCl应该是饱和的，并且保持没有气泡。

（2）将电化学工作站连接测试体系，打开电源和电化学工作站软件依次进行循环伏安、计时电流等测量并保存相关数据。

(3) 测试结束后，清洗试验仪器和工作电极。

LSV 实验测试过程如下：

(1) 配置电解液：在电解槽里加入 0.5mol/L 的 $H_2SO_4$ 溶液作为电解液，插入三电极，即以涂有催化剂的玻碳电极为工作电极，铂电极为对电极，饱和甘汞电极（SCE）为参比电极。

(2) 通入 30min 的 $O_2$，目的是将电解液里溶解的 CO、$N_2$ 等杂质气体赶出。线性扫描时，电解液上方持续的通入氧气，使测试在饱和氧气的电解液中不同转速下进行，扫描速率为 5mV/s。

(3) 将电化学工作站连接测试体系，打开电源和电化学工作站软件进行线性扫描测量并保存相关数据；测试结束，清洗试验仪器与工作电极。

## 5.3　氧化钨的直接碳化与结果分析

利用氧气对前驱体 DWCNTs/$H_2WO_4$ 进行剪切，得到的脱水产物 $WO_3$ 作为 WC 的钨源，利用无水乙醇作为液态碳源对其进行原位碳化，摸索制备 WC 的实验参数，得到的碳化产物记为 T1～T12，为了进行对比，利用上述优化的工艺参数，如碳化温度和碳源量，分别以空气和氮气气氛中 DWCNTs/$H_2WO_4$ 的脱水产物 $WO_3$ 和 DWCNTs/$WO_3$ 作为钨源，进行原位碳化，碳化产物记为 T13 和 T14。典型实验参数及产物见表 5-1。

**表 5-1　WC 的实验制备参数**

| 产物编号 | 脱水气氛 | 脱水温度范围/℃ | 无水乙醇体积/mL | 碳化温度范围/℃ | 碳化时间/h |
|---|---|---|---|---|---|
| T1 | 氧气 | 600 | 15 | 600～900 | 3 |
| T2 | 氧气 | 600 | 15 | 600～950 | 3 |
| T3 | 氧气 | 600 | 15 | 600～1000 | 3 |
| T4 | 氧气 | 600 | 15 | 600～1100 | 3 |
| T5 | 氧气 | 600 | 10 | 600～1000 | 3 |
| T6 | 氧气 | 600 | 5 | 600～1000 | 3 |
| T7 | 氧气 | 600 | 3 | 600～1000 | 3 |
| T8 | 氧气 | 600 | 3 | 600 | 2 |
| T9 | 氧气 | 600 | 3 | 600～700 | 2 |
| T10 | 氧气 | 600 | 3 | 600～800 | 2 |
| T11 | 氧气 | 600 | 3 | 600～900 | 2 |
| T12 | 氧气 | 600 | 3 | 600～950 | 2 |
| T13 | 空气 | 600 | 3 | 600～950 | 2 |
| T14 | 氮气 | 600 | 3 | 600～950 | 2 |

### 5.3.1　氧化钨纳米棒的剪切及碳化产物的相组成与微观形貌分析

利用氧气对钨源前驱体的脱水产物进行剪切，剪切后的 $WO_3$ 作为钨源，利用气化的无水乙醇对其进行原位碳化还原一步法制备 WC，摸索了不同碳化温度和碳源用量对产物成分及形貌的影响。

#### 5.3.1.1　不同碳化温度（碳源用量为 15mL）

无水乙醇的用量为 15mL，最高碳化温度分别为 900℃、950℃、1000℃、1100℃，碳化时间为 3h，以期探索在采用相同的碳源用量条件下，碳化温度对碳化产物组成的影响。产物编号为 T1、T2、T3 和 T4，XRD 检测结果如图 5-2 所示。

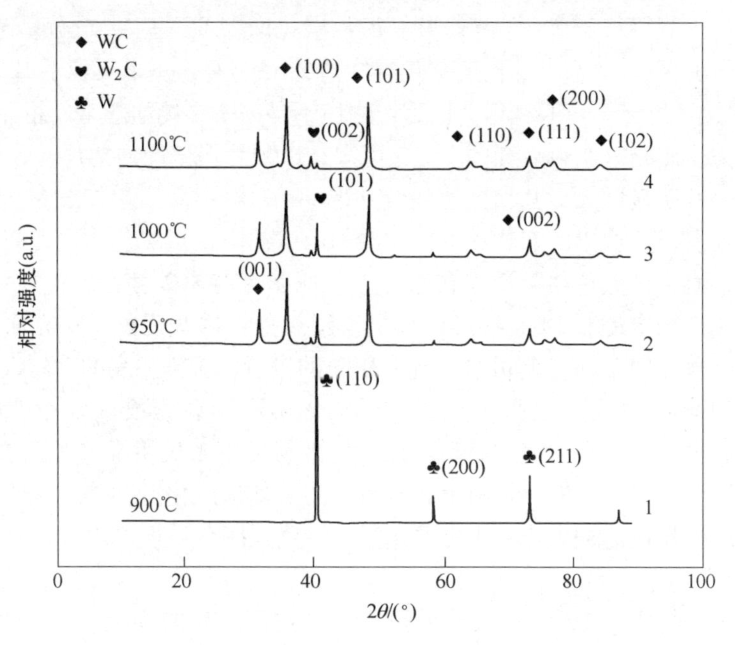


图 5-2　碳化产物 T1、T2、T3 和 T4 的 XRD 图

1—T1；2—T2；3—T3；4—T4

图 5-2 中曲线 1 为 900℃碳化产物 T1 的 XRD 图谱。经观察发现，$2\theta$ 在 40.26°、58.25° 和 73.18° 位置上出现的谱峰，属于 W 的三强峰，对应于 W 的（110）、（200）和（211）三个晶面的衍射峰，证明碳化产物 T1 的主要组成是 W。此现象表明，900℃碳化温度下，$WO_3$ 中的 O 完全被 C 置换出来，完成了由 $H_2WO_4$ 到 $WO_3$，$WO_3$ 到 W 的还原过程。图 5-2 中曲线 2 为 950℃碳化产物 T2 的 XRD 图谱，W 的三强峰几乎消失，出现了 $W_2C$ 的（101）晶面的衍射峰，此外，在 $2\theta$ 为 31.6°、35.6°和 48.1° 等位置上出现的谱峰，属于 WC 的典型三强峰，

分别对应于 WC 的特征晶面，即（001）、（110）和（101）晶面。说明碳化产物 T2 的主要成分为 WC，但也有少量 $W_2C$ 存在。这表明最高碳化温度从 900℃提高到 950℃，促进了 C 向 W 的渗透，实现了 W 向 $W_2C$ 和 W 的 C 转变，但没有完全转变为 WC。

图 5-2 中曲线 3 和 4 分别为 1000℃和 1100℃碳化产物 T3 和 T4 的 XRD 图谱。碳化温度为 1000℃时，如图 5-2 中曲线 3，$2\theta$ 对应的仍然是 WC 的（001）、（110）和（101）晶面，以及 $W_2C$ 的（101）晶面，说明碳化温度虽然从 950℃提高到 1000℃，但碳化产物仍然以 $W_2C$ 和 WC 成分为主，说明 $W_2C$ 向 WC 转变的进程较缓慢。所以碳化产物 T3 的主要成分仍以 $W_2C$ 和 WC 为主。继续将碳化温度提高到 1100℃，如图 5-2 中曲线 4，W 的特征峰几乎消失，$W_2C$ 的特征峰强度明显减弱，三强峰属于 WC 的特征峰，所以碳化产物 T4 的主要成分是 WC，但仍然有极少量的 $W_2C$ 存在。这说明碳化温度达到 1100℃，基本实现了 $H_2WO_4$ 脱水及 $WO_3$ 碳化还原成 WC 的过程，但是产物还不是完全以纯净的 WC 相存在，$WO_3$ 仍然没有完全碳化。结合后面的图 5-3 可知，1100℃碳化产物的尺寸较 1000℃碳化产物的尺寸明显增大，其尺寸达到微米级。

经观察发现，取出的产物和反应容器的内壁黏附少量黑色物质，将少量产物放进水中，有少许黑色粉末漂浮在水面上，证明有游离碳存在。另外从 XRD 图可知，碳化产物中还有少量 W 没有完全渗碳。分析这些现象，一方面原因是无水乙醇在 1100℃高温下分解较快，随着碳化的进行，未消耗完的含碳气体没有及时排出，吸附在中间体表面，使进一步碳化难以彻底完成；另一方面原因是 1100℃高温中存在较大的烧结驱动力，产物极易发生二次团聚（见后文图 5-3），使碳化工序变得更为缓慢。针对上述分析，为了加快碳化速度并进一步降低产物尺寸，后续工作还需进一步减少碳源用量，并降低碳化温度，以期得到尺寸细小的纯净 WC。

对上述产物 T2、T3 和 T4 分别进行 SEM 检测，如图 5-3 所示。图 5-3（a）为碳化温度为 950℃时碳化产物 T2 的形貌。从图中可以发现，在该温度下所得碳化产物的尺寸分布较为均匀，大尺寸达几百纳米，而小尺寸则为几十纳米，结合上述图 5-2 中 XRD 分析可知，该产物的主要成分是 WC，还有少量 $W_2C$，说明在 950℃高温下进行碳化还原，产物分布较为均匀，尺寸较小，达到纳米级别，但是产物中还有中间相 $W_2C$ 存在，最终没有得到纯 WC。图 5-3（b）为碳源 $WO_3$ 经 1000℃碳化产物 T3 的形貌，从图中可以发现，在该温度下所得碳化产物的尺寸比图 5-3（a）中的更大，多数尺寸达几百纳米，有些甚至高达 1μm，均匀程度也较 5-3（a）中的更差，可能是在较高的碳化温度（1000℃）下，烧结驱动力较大，导致大量小颗粒二次团聚。这说明碳化温度虽然仅提高了 50℃，但对最终产物的形貌与尺寸产生较大的影响。

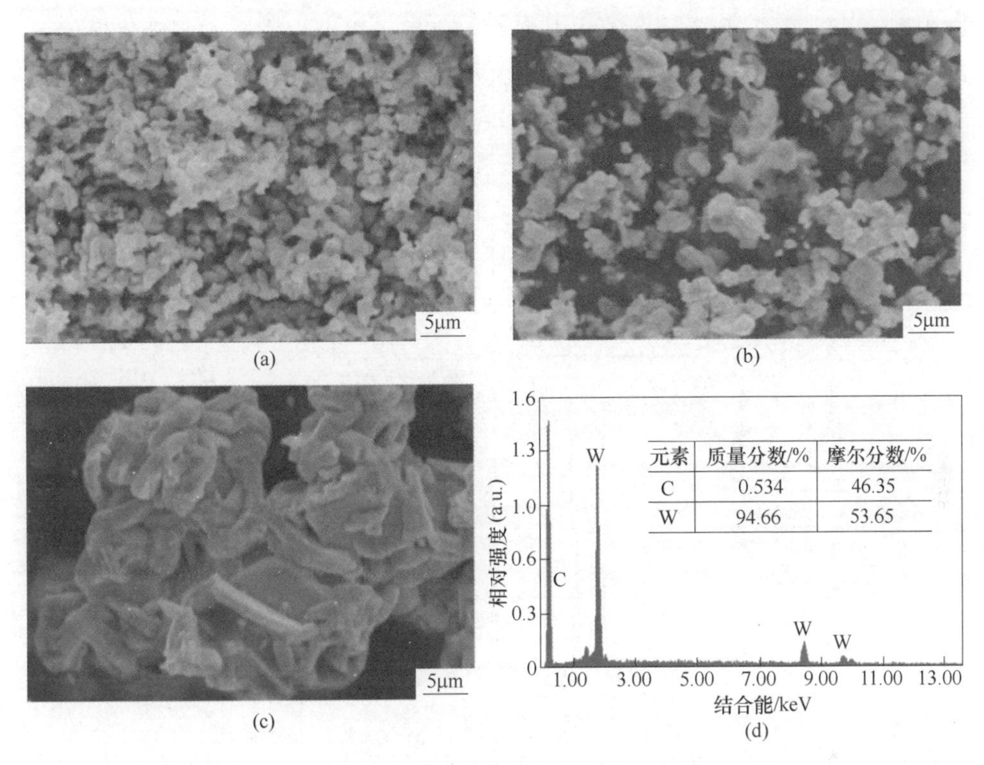


图 5-3 不同碳化温度下所得碳化产物的 SEM 及 EDS 图

(a) 950℃;(b) 1000℃;(c),(d) 1100℃

图 5-3(c)与(d)为 $WO_3$ 经 1100℃碳化所得产物 T4 的 SEM 图及 EDS 能谱。从图中可发现,1100℃碳化产物的尺寸明显大于 1000℃碳化产物的尺寸,虽然少数产物的尺寸在 1~2μm,但多数产物呈团聚体且尺寸在 5~10μm,可见碳化温度对最终碳化产物的尺寸影响较大。由 EDS 分析结果,如图 5-3(d)所示,T4 的微区成分中摩尔比显示 W∶C=54∶46(略大于 1),从侧面反映出 $WO_3$ 经碳化反应生成了 WC,但其 W∶C≠1∶1,说明还有部分 W 因渗碳不完全,没有完全变成 WC。结合图 5-2 中的 XRD 分析可知,即使将碳化温度提高到 1100℃,也不能达到既保持碳化产物的小尺寸又促使 $WO_3$ 完全碳化的目的。基于高温中 $WO_3$ 的碳化还原进程较为缓慢,而碳化产物尺寸的长大速度较快,要使 $WO_3$ 碳化完全,并且碳化产物的尺寸又保持比较细小,仅仅通过提高碳化温度不能同时达到上述两个目的,结合上述分析结果,还需适量降低碳源的用量,目的是使碳源的供给量与消耗量大致相当。

#### 5.3.1.2 不同液态碳源量(碳化温度为 1000℃)

结合上述图 5-2 与图 5-3 的分析,进一步改进实验,将无水乙醇量从 15mL

减少到 10mL、5mL 和 3mL，碳化温度为 1000℃，以期探索在相同碳化温度下，碳源用量对碳化程度的影响。所得产物编号分别为 T5、T6 和 T7，并进行 XRD 检测，结果分别对应图 5-4 中的曲线 1、2 和 3。

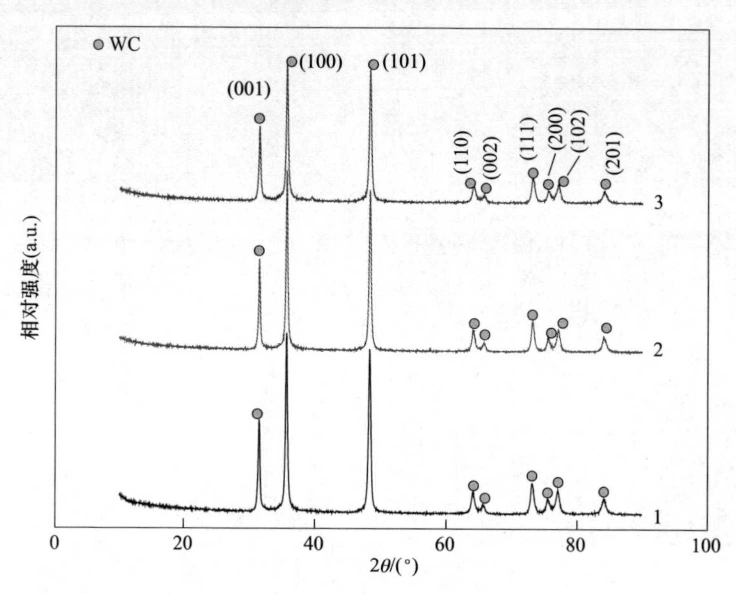


图 5-4 碳化产物的 XRD 图

1—T5；2—T6；3—T7

图 5-4 中曲线 1 为碳化产物 T5 的 XRD 图，可以观察到，$2\theta$ 在 31.51°、35.65°和 48.3°位置上出现较强的谱峰，属于 WC 的三强峰，分别对应于 WC 的（001）、（100）和（101）晶面，符合 PDF 卡片 01-087-2727，说明碳化产物 T5 属于六方相 WC。图 5-4 中曲线（b）和（c）为碳化产物 T6 和 T7 的 XRD 图，出现的衍射峰的位置与曲线 1 的完全一样，表明产物都是 WC。说明无水乙醇量分别取 10mL、5mL、3mL 时，碳化温度为 1000℃，都可以使钨源前驱体还原碳化彻底并生成纯 WC。当无水乙醇用量从 15mL 降到 10mL、5mL、3mL 时，最高碳化温度从 1100℃降到 1000℃时，$WO_3$ 都可以完全碳化，生成 WC。主要原因是，碳源用量合适时，碳源于高温下在单位时间内释放出含碳气体的速度与含碳气体被 $WO_3$ 消耗的速度相当，含碳气体在扩散过程中与 $WO_3$ 之间的接触更加均匀，渗透更有效，不会因为含碳气体大大过剩而吸附在 $WO_3$ 的表面，阻碍了其对 $WO_3$ 进行渗碳；同时，碳化温度的降低，有利于烧结驱动力的下降，有效缓解了碳化中间产物之间的二次团聚，从而促进了含碳气体对 $WO_3$ 的渗碳还原。所以，碳源用量的降低，反而有利于降低碳化温度，使 $WO_3$ 的渗碳程度得到明显提高。所以后续 WC 制备实验中的无水乙醇用量暂定为 3mL。

#### 5.3.1.3　不同碳化温度（碳源用量为3mL）

结合上述图5-4可知，碳源用量为3mL，碳化温度为1000℃时，取出的碳化产物表面仍然有黑色物质，并且反应舟的内壁仍然有少量黑色物质，用水漂洗，有漂浮，证明有游离碳存在。因为较高的反应温度容易导致碳化产物之间的二次团聚，所以降低碳化温度，有利于得到小尺寸WC。故可以尝试通过降低碳化温度来抑制碳源的分解程度。经上述分析，接下来实验采用3mL无水乙醇，将碳化温度降低到600℃、700℃、800℃、900℃、950℃，碳化时间缩短到2h，以期探索在相同的碳源量下，碳化温度对碳化程度的影响。所得产物编号为分别记为T8、T9、T10、T11、T12，XRD检测结果如图5-5所示。

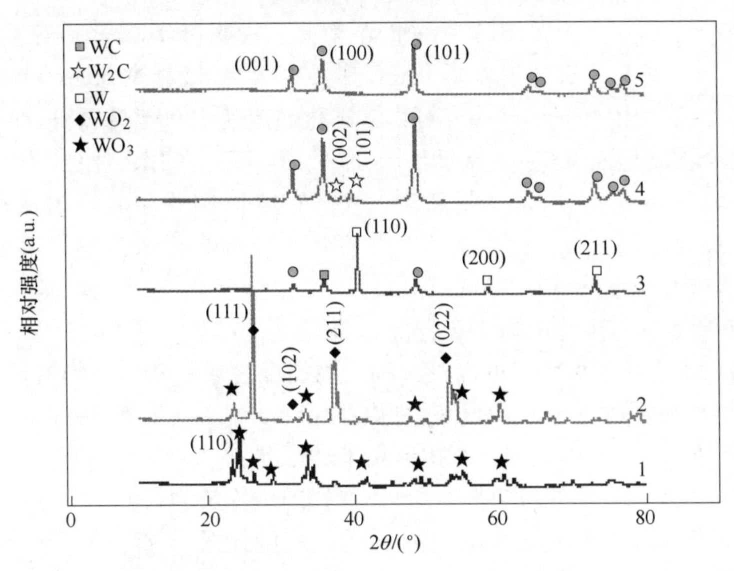


图5-5　碳化产物的XRD图

1—T8，600℃；2—T9，700℃；3—T10，800℃；4—T11，900℃；5—T12，950℃

图5-5中曲线1为碳化温度为600℃时碳化产物T8的XRD图。$2\theta$在18.08°、23.83°、28.33°、33.11°、41.21°、48.78°、54.99°和60.23°等位置上出现的谱峰，分别对应于四方相$WO_3$的一系列特征晶面的衍射峰，符合PDF卡片01-087-4481。当碳化温度提高为700℃时，所得碳化产物为T9，如图5-5中曲线2，除了$WO_3$的一些特征峰以外，还出现了对应于$WO_2$的（111）、（102）、（211）和（022）晶面的衍射峰，说明碳化温度达到700℃时，$WO_3$已经部分被碳源还原。当碳化温度继续提高到800℃时，所得碳化产物为T10，如图5-5中曲线3，$2\theta$在40.26°、58.25°和73.18°位置上出现较强的谱峰，分别对应于W的（110）、（200）和（211）晶面的衍射峰，符合PDF卡片01-087-1203，表明产物

中存在立方相 W。此外，2$\theta$ 在 31.51°、35.65° 和 48.3° 位置上出现较弱的谱峰，分别对应于（001）、（100）和（101）晶面的衍射峰，符合 PDF 卡片 01-087-2727，表明产物中存在六方相 WC。

通过以上分析可知，碳化温度提高到 800℃时，所得产物主要成分为 W，还有部分 WC，意味着 $WO_3$ 中的 O 已全部被 C 置换出来，甚至有部分的 W 被碳化成 WC[12]。当碳化温度提高到 900℃时，碳化产物为 T11，如图 5-5 中曲线 4，除了 WC 的（001）、（100）和（101）主晶面外，2$\theta$ 在 37.92°和 39.37°位置上出现较弱的谱峰，对应于（002）和（101）晶面，属于 $W_2C$。这意味着当碳化温度提高到 900℃时，产物中的主要成分为 WC，还有少许 $W_2C$。当碳化温度提高为 950℃时，对应碳化产物为 T12，如图 5-5 中曲线 5，出现的三强峰位分别对应于 WC 的（001）、（100）和（101）晶面的衍射峰，表明 $WO_3$ 已经全部被碳化，生成单纯的 WC。可见，碳化温度从 900℃升到 950℃，仅提高 50℃，$W_2C$ 全部转化为 WC。说明采用适量的碳源，可以将碳化温度从 1000℃降低到 950℃，并确保 $WO_3$ 完全被碳化成 WC。由上述结果可知，$H_2WO_4$ 碳化还原的主要历程为由 $H_2WO_4$ 分别到 $WO_3$、$WO_2$、W、$W_2C$、WC 的还原碳化过程。当碳化温度为 950℃时，碳化产物的成分全部为 WC。说明采用 3mL 无水乙醇作为液态碳源，可以将最高碳化温度降低到 950℃。

图 5-6 所示为对碳化产物 T12 进行 SEM 检测的结果，图 5-6（a）为 950℃碳化产物 T12 的 SEM 形貌图，可以观察到，该温度合成的碳化产物的尺寸分布较为均匀，小尺寸可达 200nm，而大尺寸则在 400nm 左右。对图 5-6（a）进一步放大，得到图 5-6（b），可发现，产物形貌呈类球状，尺寸约为 200nm，甚至仅为 50nm（如图 5-6（b）中红色边框所指），产物的边缘较为圆滑，部分产物相互堆积在一起，有部分粘连现象（如图 5-6（b）中白色边框所指）。主要原因是在碳化前通入氧气，显著降低了 $H_2WO_4$ 化学脱水后所得 $WO_3$ 的尺寸（见后文图 5-18），以此 $WO_3$ 作为 WC 的钨源进行碳化，尽可能地保证了后期所得 WC 的小尺寸。

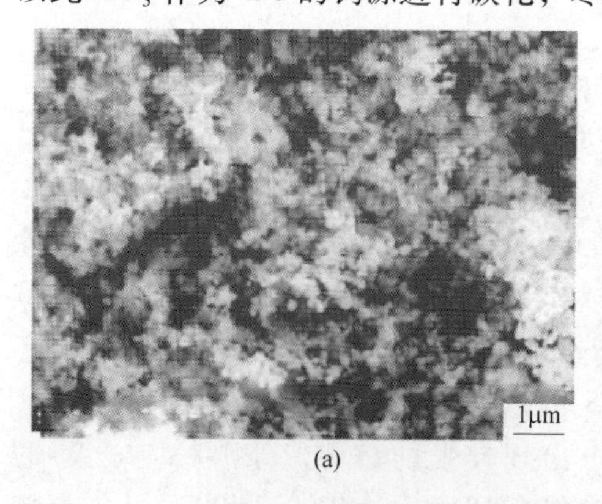


(a)

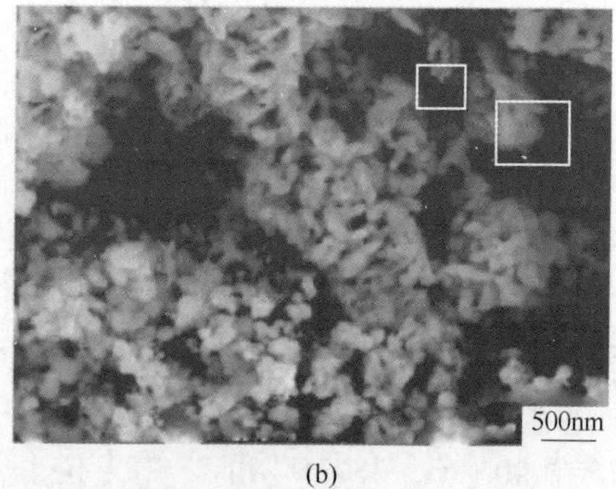


(b)

图 5-6　碳化温度为 950℃时合成的碳化产物 T12 的 SEM 图

此外，WC 在 $WO_3$ 的基础上有所长大，但形貌几乎没有改变。为了进一步详细观察图 5-6 中 T12 的微观形貌和尺寸，对其进行了 TEM 观察。

图 5-7（a）中 TEM 图显示，经氧气处理后再进行碳化所得的碳化产物 T12 的尺寸小于 500nm。对图 5-7（a）中局部区域进行放大，如图 5-7（b）所示，T12 中的 WC 呈片状结构，尺寸在 100nm 左右，边界较为清晰，厚度较小。与它的钨源 $WO_3$（氧气气氛所制备的 $WO_3$，见后文图 5-18）相比，尺寸和厚度几乎没有明显的增加，此外 WC 的边缘较为圆滑。一方面，可能是因为氧气气氛下前驱体 S0 中的 DWCNTs 模板发生燃烧，前驱体 S0 中的 $H_2WO_3$ 转化成的 $WO_3$ 之间具有很大的空隙，有利于含碳气体的接触渗碳，有效缓解了煅烧过程中产物之间的二次团聚；另一方面，DWCNTs 与氧气发生燃烧反应，促使 $WO_3$ 棒折断，由于表面张力使其收缩，其边缘呈圆形，由于结构遗传效应，WC 的边缘也较为圆滑。进一步对图 5-7（b）中局部区域进行放大，如图 5-7（c）所示，错落叠加状的 WC 边缘主要是由纳米薄片组成。

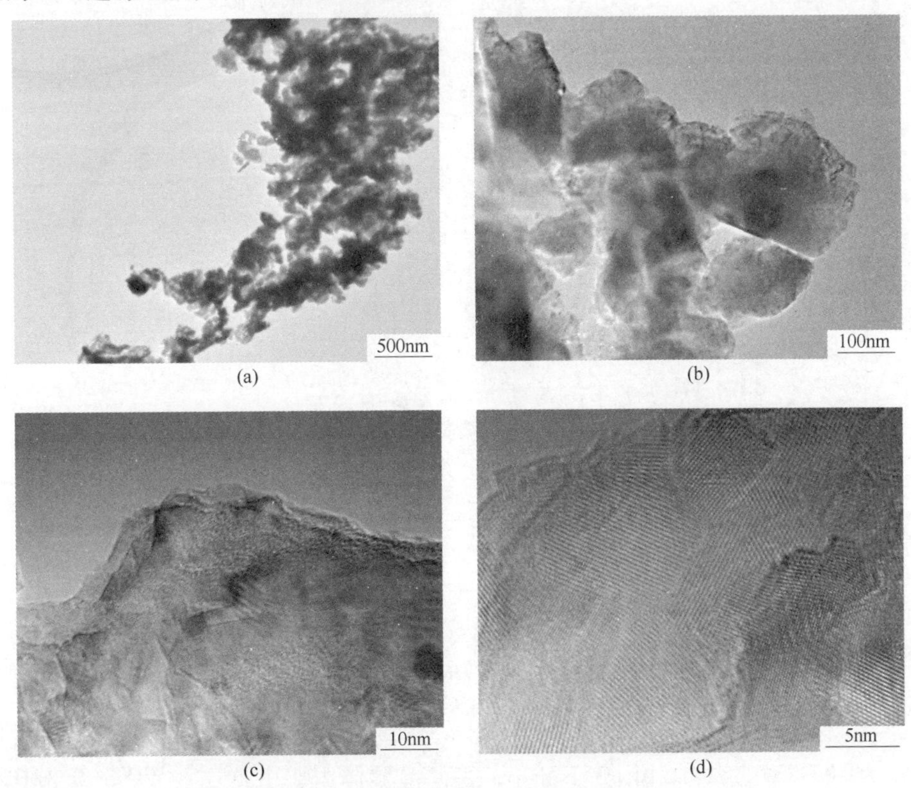


图 5-7　碳化温度为 950℃时的碳化产物 T12 的 TEM 图

图 5-7（d）所示为图 5-7（c）中局部区域的 HRTEM 图，可见 WC 薄片是由直径约为 5nm 的纳米晶组成，这将有利于其物理化学性能的发挥。

### 5.3.2　氧化钨的直接碳化机理分析

为了进一步了解钨源前驱体脱水及中间体 $WO_3$ 碳化的整个反应产物情况，将该反应过程中生成的一系列中间产物取出进行 XRD 检测，以期了解液态碳源（无水乙醇）对钨源 $WO_3$ 进行碳化还原的整个历程。图 5-8 所示为钨源前驱体、脱水产物以及不同碳化温度下渗碳还原所得碳化产物的 XRD 图。

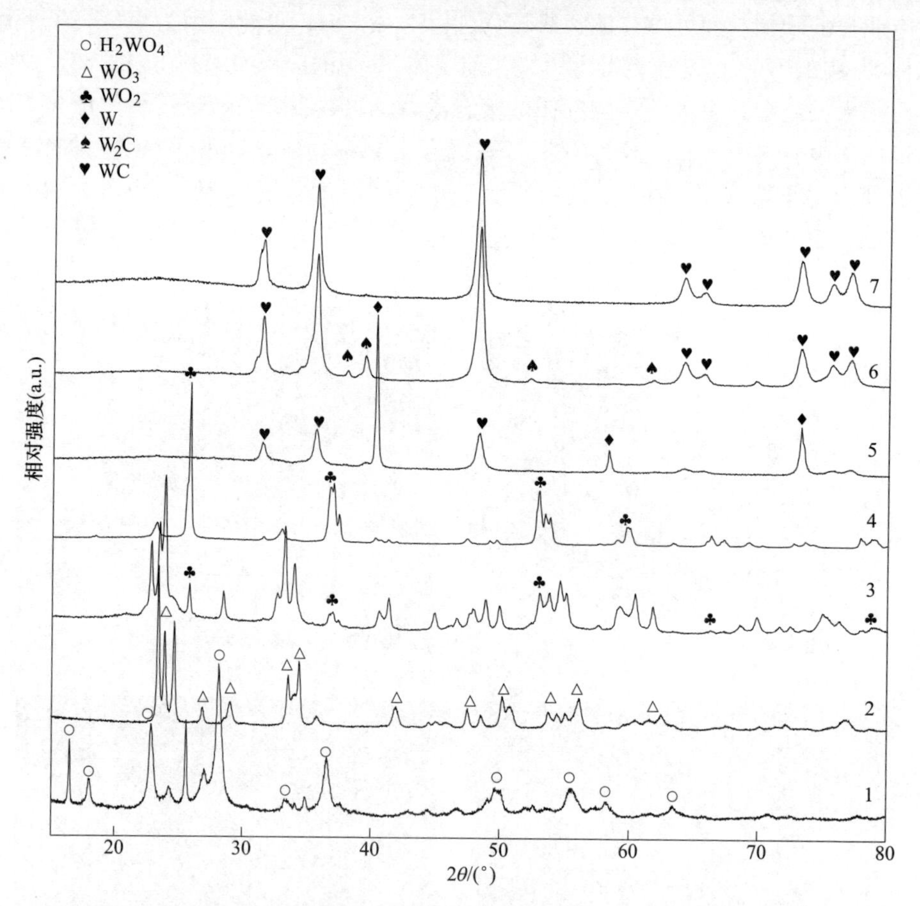


图 5-8　前驱体及其中间体在不同最高碳化温度下所得碳化产物的 XRD 图
1—前驱体；2—中间体；3—中间体，600℃；4—中间体；700℃；
5—中间体；800℃；6—中间体，900℃；7—中间体，950℃

由图 5-8 中曲线 1 和图 3-4 可知，钨源前驱体主要由 $WO_3$、$WO_3 \cdot 0.33H_2O$ 和 $WO_3 \cdot H_2O$ 组成。钨源前驱体的碳化过程主要分为以下几个阶段：

（1）钨源前驱体热分解阶段：在氧气气氛中，以 8℃/min 的升温速度从室温升至 600℃并保温 0.5h，此时钨源前驱体经过煅烧所得中间体为 $WO_3$，如图 5-8

中曲线 2 所示，这是因为经 600℃热处理，$H_2WO_4$ 所含结晶水被蒸发，同时受热分解脱水转变为中间体 $WO_3$。此阶段通氧气的目的是对煅烧分解过程中的棒状前驱体 $H_2WO_4$ 进行剪切，从而使钨源前驱体经过热分解所得的中间体 $WO_3$ 具有小尺寸的特点（相关数据与分析见第 4 章）。

(2) $WO_3$ 的原位还原阶段：在以上述中间体 $WO_3$ 作为钨源的基础上，还提出以无水乙醇作为液态碳源，以氮气作为载气，将无水乙醇输送到反应区进行裂解生成含碳气体和还原性气体，对 $WO_3$ 进行碳化还原。具体是前驱体 DWCNTs/$H_2WO_4$ 在氧气气氛中于 600℃下保温 0.5h 后，改通氮气，以此作为载气将无水乙醇送入样品反应区，碳化温度达至 700℃，碳化时间为 0.5h，产物组成为 $WO_2$ 和 $WO_3$，如图 5-8 中曲线 3 所示。当碳化温度达至 750℃时，还原碳化时间达到 0.75h，在乙醇裂解产生的还原气氛中，$WO_3$ 完全被还原为 $WO_2$，如图 5-8 中曲线 4 所示。说明在此条件下，无水乙醇可裂解并形成含碳气体和还原性气体，从而使 $WO_3$ 发生部分还原，即 $WO_3$ 中的部分 O 原子被置换出来。当碳化温度升至 800℃，碳化时间达到 1h，碳化产物中出现 W 和 WC 衍射峰，如图 5-8 中曲线 5 所示。说明 $WO_3$ 中的 O 原子全部被置换出来，$WO_3$ 完全转化成 W，保证充足的碳源有利于对 W 表面进行渗碳。

(3) W 的原位渗碳阶段：由上述数据与分析可知，当碳化温度升至 800℃时，钨源前驱体全部转化成 W，随即开始对 W 表面进行渗碳。当碳化温度升至 900℃，碳化时间达到 1.5h，W 的衍射峰消失，出现 $W_2C$ 和 WC 共存晶相，如图 5-8 中曲线 6 所示。表明 W 表面渗碳已经结束，W 单质已消失，取而代之的是 $W_2C$，并且 $W_2C$ 已有部分转化为 WC。当碳化温度升至 950℃，碳化时间达到 2h，$W_2C$ 衍射峰减弱，物相中只存在 WC 衍射峰，如图 5-8 中曲线 7 所示，说明 $WO_3$ 渗碳已结束，全部转化为 WC。

综上所述，无水乙醇经裂解产生的气体为含碳气体和还原性气体，钨源前驱体转化为 WC 的整个工艺过程主要分为三个阶段，即热分解阶段、原位还原阶段和原位渗碳阶段。从前驱体 $H_2WO_4$ 到碳化产物 WC 的演变过程描述为：600℃以下，主要产物是 $WO_3$；600~700℃，主要产物是 $WO_2$ 和 $WO_3$；700~900℃，主要产物是 W、$W_2C$ 和 WC；950℃，还原碳化时间达到 2h 后，主要产物是 WC。反应历程可简单表示为：

$$H_2WO_4 \longrightarrow WO_3 \longrightarrow WO_2 \longrightarrow W \longrightarrow W_2C \longrightarrow WC \tag{5-1}$$

### 5.3.3 空气和氮气剪切氧化钨及碳化产物的物相与形貌分析

为了进行对比，利用上述优化的工艺参数如碳化温度和碳源量，分别以钨源前驱体在空气和氮气中脱水所得 $WO_3$ 和 DWCNTs/$WO_3$ 作为钨源，进行碳化还原，碳化产物分别记为 T13 和 T14，并对相关结果进行分析。

图 5-9 所示为碳化产物 T13 与 T14 的 XRD 结果。从图中可见，T13 和 T14 中都出现了相同的 WC 特征峰，即 $2\theta$ 为 31.4°、35.5°、48.2°、64.1°、65.6°、73.1°、75.1° 和 76.9° 等位置的衍射峰——对应于 WC 的（001）、（100）、（101）、（110）、（002）、（111）、（200）和（102）晶面。仔细观察，与 T13 相比，还发现 T14 具有微弱的 $W_2C$(002) 峰（37.2°），这说明 T14 中含有极少量的 $W_2C$，表明 $WO_3$ 没有彻底碳化，主要原因可能是 T14 采用的前驱体是 DWCNTs/$WO_3$，其中纳米棒状 $WO_3$ 被 DWCNTs 的包裹住，不利于含碳气体对 $WO_3$ 表面的扩散以及渗碳，所以，在同一碳化条件下，合成 T14 的渗碳过程比合成 T13（其前驱体是空气处理后的 $WO_3$）更艰难，最终出现微弱的 $W_2C$ 的衍射峰。

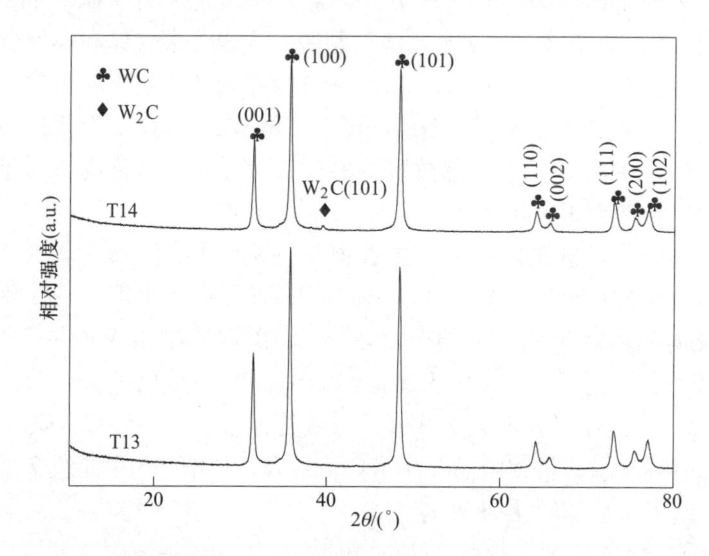


图 5-9　碳化温度为 950℃时合成的碳化产物 T13 和 T14 的 XRD 图

图 5-10（a）所示为碳化产物 T13 的 SEM 图。可以观察到，在该温度所合成的碳化产物呈大团簇分布，团簇尺寸可达 2μm 以上，比 T12 的尺寸更大。对图 5-10（a）中局部区域（如方框区域）进一步放大，得到图 5-10（b），可发现，大团簇由 WC 棒体构成，尺寸为 150~200nm，棒状物之间有部分搭连现象，也存在间隙。主要原因是在碳化前通入空气，除去了 DWCNTs，阻碍了煅烧过程中 $WO_3$ 棒的团聚（见后文图 5-14），但合成的 $WO_3$ 纳米棒尺寸大于氧气气氛所得的 $WO_3$，所以其作为 WC 的钨源进行碳化，所得 T13 虽然在其钨源（$WO_3$ 短棒）的基础上有所长大，但形貌几乎没有改变，遗传了 $WO_3$ 的形貌。T13 中的 WC 棒体之间有粘连现象，主要原因是液态碳源（无水乙醇）在高温分解过程中，生成了含碳气体和还原性气体，对钨源（$WO_3$）进行还原和渗碳，$WO_3$ 中的 O 是

逐步被置换出来的，即从 $WO_3$ 到 $WO_2$，到 W，到 $W_2C$，再到 WC 的历程，在如此复杂的碳化还原过程中，每一步都涉及新产物，由于反应过程中新生成的新产物表面能都比较高，具有非常高的表面活性，容易团聚成更大的团聚体，因此 WC 有部分粘连现象。

(a)

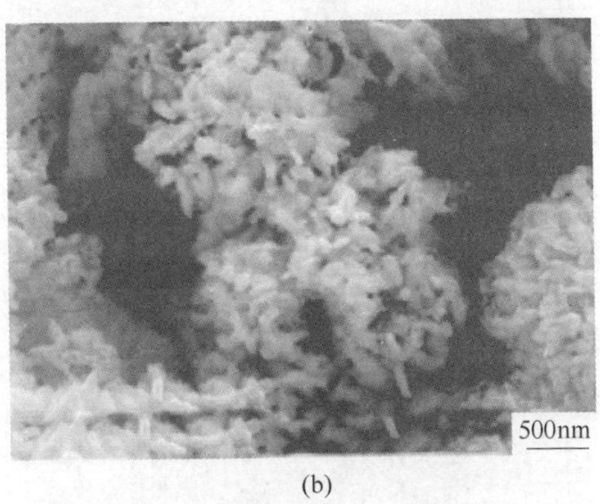


(b)

图 5-10 碳化温度为 950℃时合成的碳化产物 T13 的 SEM 图(a)及放大图(b)

为了进一步详细观察图 5-10 中碳化产物 T13 的微观形貌和尺寸，对其进行了 TEM 观察，如图 5-11（a）所示。由图 5-11（a）可知，T13 的尺寸比 T12 的尺寸更大，可能原因是作为 T13 的钨源的尺寸（对空气处理所得 $WO_3$，150nm）比 T12 的钨源的尺寸（对氧气处理所得 $WO_3$，100nm）更大。

对图 5-11（a）中局部区域进行放大，如图 5-11（b）所示，T13 的尺寸在 150~200nm 左右，边界较为清晰。对图 5-11（b）中的局部区域进行放大，如图 5-11（c）所示，可见，T13 也是由纳米片组成，片与片之间几乎叠加在一起，与 T12 相比，纳米片的分散度较差。图 5-11（d）中显示的 EDS 结果是图 5-11（c）中所选区域的成分分析，结果显示样品主要由 W、C、Cu 等元素组成，其中 W 和 C 的原子比约为 1，Cu 主要来源于用于制备 TEM 样品时用到的铜栅。结合图 5-6 中 XRD 结果，可确定该纳米片是 WC。综上所述，T13 比 T12 的尺寸大，而且分散性较 T12 差。

对产物 T14 进行 SEM 检测，如图 5-12 所示。图 5-12（a）所示为碳化产物 T14 的 SEM 形貌图，由该图可以观察到，在该温度下所合成的产物呈大团簇分布，尺寸可达 5μm。还发现有少许线状物质出现，疑似 DWCNTs（见图 5-12（a）中蓝色方框区域），主要是因为反应一直在氮气气氛中进行，前驱体中的少许 DWCNTs 保留在产物中。

对图 5-12（a）中局部区域进一步放大，得到图 5-12（b），可以清晰观察到微米级大尺寸 WC 团簇由小颗粒组成，小颗粒尺寸则在 200nm 左右，颗粒的边缘

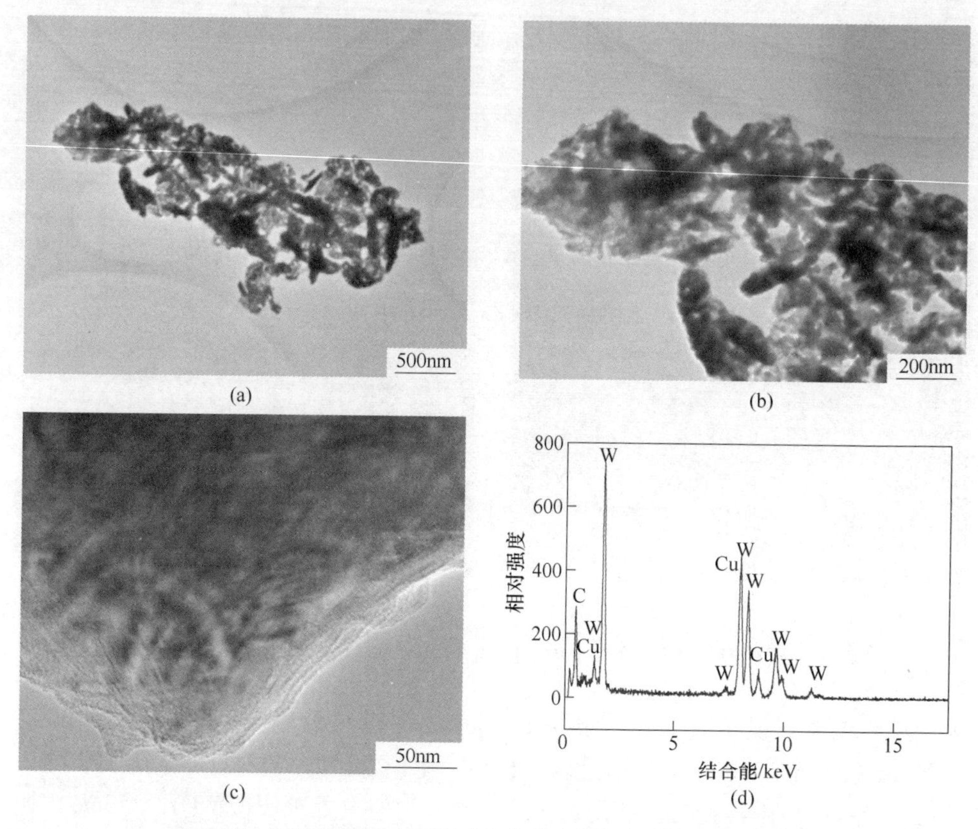


图 5-11　碳化温度为 950℃时合成的碳化产物 T13 的 TEM 图

图 5-12　碳化温度为 950℃时合成的碳化产物为 T14 的 SEM 图(a)及放大图(b)

较为圆滑，部分颗粒相互堆积在一起，有部分粘连现象，形成微米级大块体，粘连处有薄膜状物质，疑似 DWCNTs（见图 5-12（b）中红色方框区域）。一方面原因是一直通入氮气，煅烧过程中，DWCNTs 保留下来，棒状结构 $H_2WO_4$ 化学脱水转化成棒状结构 $WO_3$，其中负载在 DWCNTs 管束表面的 $H_2WO_4$，其转化而成的 $WO_3$ 也容易沿着 DWCNTs 的表面进行生长，形成棒状或纤维状结构，而负载在相互缠绕的 DWCNTs 表面上的前驱体 $H_2WO_4$，则容易生长为块状 $WO_3$。由于在分解过程中没有对其进行剪切，生成的 $WO_3$ 尺寸较大，呈棒状或块状结构。以此混合物作为钨源进行碳化还原，碳化过程中，$WO_3$ 之间相互缠绕，使渗碳速度及进程较为缓慢，因此后期所得 WC 局部发生粘连形成微米级大团簇，尺寸显然更大。另一方面原因是液态碳源（无水乙醇）在高温下分解生成具有还原性的含碳气体，随即对钨源（$WO_3$）进行还原，逐步置换出 $WO_3$ 中的氧，即从 $WO_3$ 到 $WO_2$，再到 W，再对 W 表面进行渗碳，完成从 W 到 $W_2C$，再到 WC 的历程，在如此复杂的碳化还原过程中，每一步都涉及新产物，由于反应过程中新生成的新产物表面能都比较高，具有非常高的表面活性，容易团聚成更大的团聚体，因此 WC 有部分粘连现象。

图 5-13 所示为 T14 的 TEM 图。图 5-13（a）显示产物呈团簇，尺寸为微米级，其中还分布了大量的絮状物（见图中方框区域所指），这些絮状物将黑色物质包裹住。

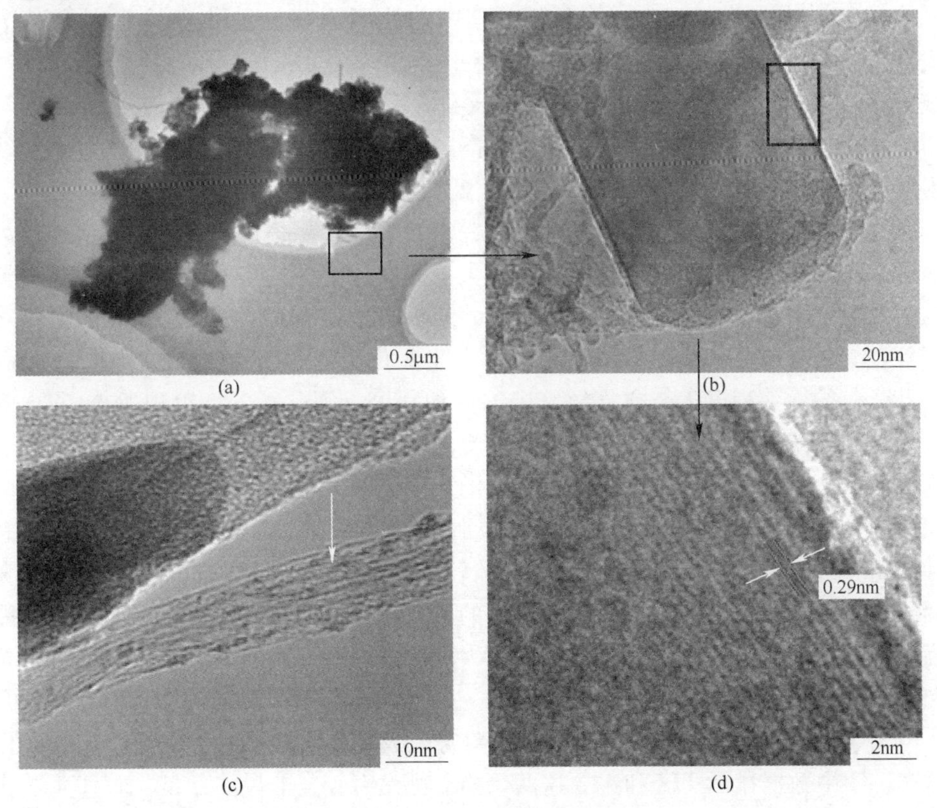


图 5-13　碳化温度为 950℃时合成的碳化产物 T14 的 TEM 图

对图 5-13（a）中黑色箭头所指的局部边界进行放大观察，如图 5-13（b）所示，大团簇主要由纳米片组成，纳米片的典型直径尺寸在 60~80nm 之间，长度大于 1μm。对图 5-13（a）中蓝色边框所选的絮状物进行放大，得到图 5-13（c）所示，可知絮状物质属于 DWCNTs 管束（如图中蓝色箭头所指），主要是因为前驱体一直在氮气气氛中进行脱水、碳化，所以 DWCNTs 一直保留在碳化产物中。图 5-13（d）所示为图 5-13（b）的 HRTEM 图，图中的晶格条纹表明所制备的 WC 具有较高的结晶度，晶面间距约 0.29nm，对应于 WC 的（001）面，其结果与其 XRD 数据（见图 5-6）一致。综上所述，T14 主要由 WC 和 DWCNTs 组成。

结合上述有关 T12 和 T13 的数据分析可知，T14 的尺寸最大，主要归因于，DWCNTs/$WO_3$ 中存在的 DWCNTs 包裹住了棒状 $WO_3$，使渗碳过程中的产物更容易团聚，导致最终产物的尺寸明显增大；含碳气体对 $WO_3$ 的扩散和渗碳难度增大，在与 T12 和 T13 相同的制备条件下，无法达到彻底的还原碳化，最终产物出现少许 $W_2C$。

### 5.3.4　碳化钨的比表面积分析

将 T12 和 T13 进行孔结构分析，其中总比表面积及总孔容是通过 BET 方法[11,12]在相对压强为 0.99 时测得。图 5-14 采用氮气吸附脱附等温（77K）曲线测定 T12 和 T13 的比表面积、孔容以及孔径分布。图 5-14（a）所示为 T12 和 T13 的氮气吸附-脱附等温曲线。可以看出，两个样品的氮气吸附-脱附等温曲线形状相似[13]，都在相对低压区域有一定的吸附量[14]，表明两个样品都具有一定的微孔结构分布。经过初始的吸附之后，氮气吸附量在相对高压的区域增加较为显著。这种明显的变化表明样品中具有大量的介孔结构分布。其中 T13 的吸附量与 T12 相比有一定程度的减少。T12 样品的吸附量大于 T13 的吸附量，主要归功于氧气气氛中前驱体中模板剂 DWCNTs 发生氧化反应程度比空气气氛中更彻底，致使氧气的剪切程度大于空气气氛中的剪切程度，因此氧气气氛中所得 $WO_3$ 的分散度和尺寸均小于空气气氛中所得 $WO_3$ 的分散度和尺寸，在此基础上进行表面渗碳，由于遗传效应，所得产物 T12 的比表面积大于产物 T13 的比表面积。由 BET 模型可得 T12 和 T13 的比表面积分别为 $11m^2/g$ 和 $6m^2/g$。结合两者的 SEM 和 TEM 图，主要是由于较大的分散度和较小的尺寸赋予了 T12 具有更大的比表面积。与只有约 $1m^2/g$ 的普通商业应用的 WC 相比，两者的比表面积都有大大提高，说明所得 T12 和 T13 都具有相对较大的比表面积，该结果与上述样品的 SEM 和 TEM 结果相一致。

图 5-14（b）所示为通过 BJH 方程对等温吸附曲线处理后所得各产物的介孔分布。图中数据显示 T12 和 T13 这两个样品都具有较宽的尺寸分布，而且大量孔径分布集中在 2~25nm 范围内。这些尺寸的孔多数来自样品中的 DWCNTs 消失遗

留下来的孔洞，或各颗粒之间堆积的间隙。结合 WC 具有一定的导电性能，表明该法制备的纳米 WC 具有作为电催化剂的潜能。

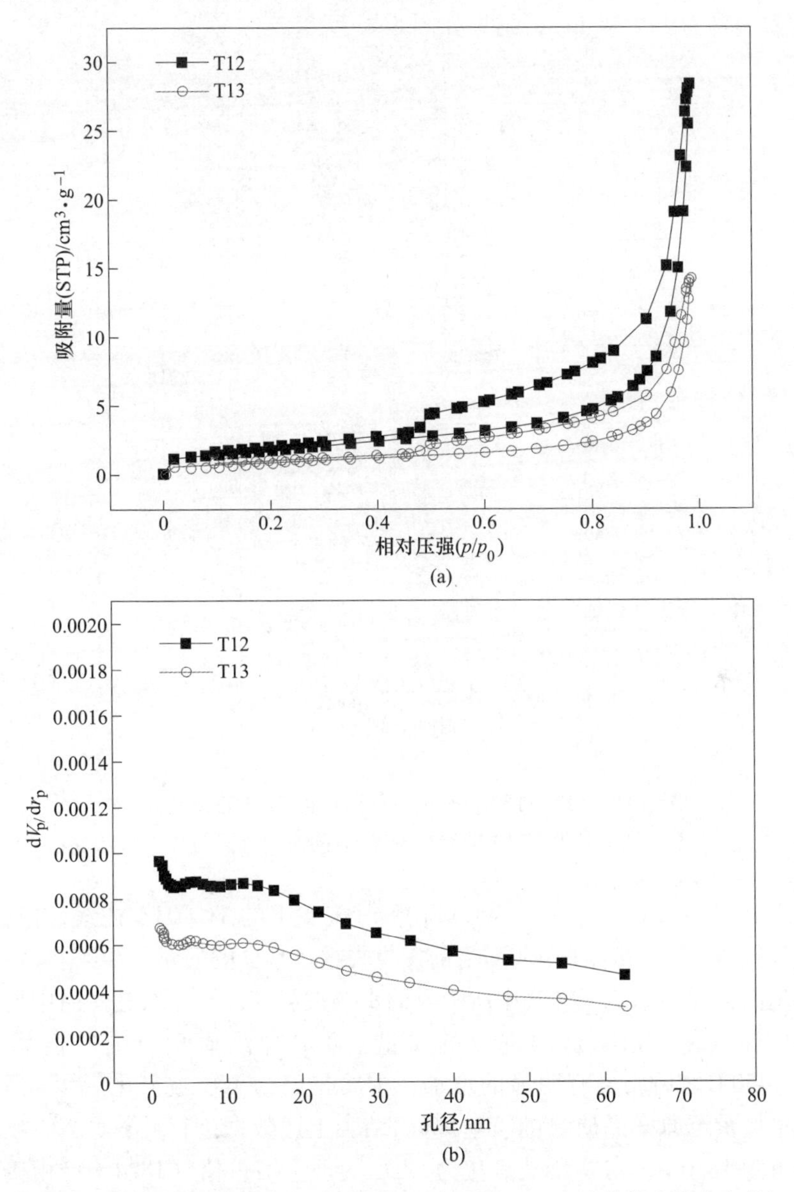


图 5-14 T12 和 T13 的氮气吸附-脱附(a)和通过 BJH 方法计算介孔分布(b)

## 5.3.5 碳化钨的热重差热分析

WC 需要在一定的温度范围内保持其稳定的性能。WC 在空气中的热稳定性是评价其性能的重要指标之一。为了研究 WC 的热稳定性，采用 TG/DTA 综合热分析仪测定了所得 WC 粉体的热重和差热分析曲线，测试工作在氧气中进行，测试产物的编号为 T12 和 T13，结果如图 5-15 所示。

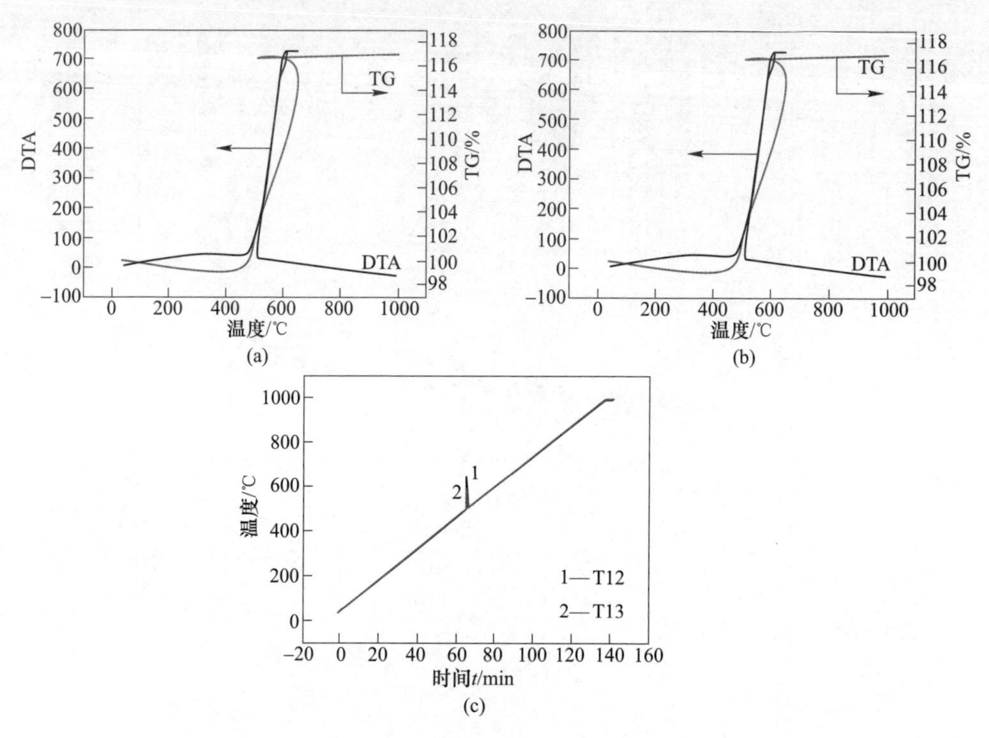


图 5-15　T12(a)和 T13(b)在氧气中的 TG-DTA 曲线以及 TG-DTA 曲线中温度-时间曲线(c)

图 5-15（a）所示为 T12（WC）在氧气气氛下的 TG/DTA 曲线，由图可见，在氧气气氛中，WC 粉体在 450℃之前发生失重，减少的质量主要来自两个方面，一方面是因为样品暴露于空气中所吸收的水分被蒸发，一方面是样品中含有少量碳类杂质被氧化。扣除这两部分的质量，此时样品质量应为原样品质量的 99.1%。450℃之后质量有明显的增加，主要是因为 WC 被氧化后生成了 $WO_3$，样品质量增重至原样品质量的 116.9%。结合上述数据进行计算，WC 被氧化后实际增重为 18.0%，与 WC 被氧化为 $WO_3$ 的理论增重值（18.4%）相接近。当温度达到 620℃时，质量基本保持稳定。对应的 DTA 曲线中，450~510℃之间存在明显的强放热峰，斜率急剧增大，放热峰位于 605℃左右，放热峰对应的样品呈黄绿色。说明在此温度附近，当温度小于 450℃时，该样品在氧气气氛中是稳定的，当温度大于 450℃时，该样品在氧气气氛中将发生氧化反应，生成了 $WO_3$。

图 5-15（b）所示为 T13（WC）在空气气氛下的 TG/DTA 曲线。由图可见，其失重和放热峰的位置几乎与 T12 一样，主要是因为 T12 和 T13 的主要成分都是 WC，都不含有 DWCNTs。相同质量的 WC 样品在 450℃之前失去的质量都源自水分的蒸发和部分碳杂质的氧化。450℃之后增加的质量都源自 WC 被氧化成 $WO_3$。图 5-15（c）所示是利用温度-时间曲线来表示物质受热后的温度变化情况。图 5-15（c）中的曲线 1 和 2 分别是碳化产物 T12 和 T13 的温度与时间曲线。当差热反应进行 75min 时，出现温度的突升与突降现象。这与图 5-15（a）和（b）中 DTA 曲线均在 400~600℃范围内出现温度突然上升又下降的现象一致。根据上述结果得出，T12 和 T13 都可以稳定存在于 450℃下空气气氛中；当温度达到 450℃以上，空气中的氧会与 WC 发生化学反应，使 WC 发生氧化释放出大量热量，反应在 480℃左右最为强烈。图 5-15（a）和（b）中 DTA 曲线在 400~600℃范围内均出现温度突然上升又下降的现象，这很可能是因为 450℃左右 WC 被氧化放出大量的热量造成温度上升，当 WC 氧化完全后停止放热，温度又下降。

## 5.4 碳化钨负载铂的相组成与微观形貌分析

综上所述，由于 T14 中含有少许 DWCNTs 和 $W_2C$，DWCNTs 的表面可负载一些 Pt 纳米颗粒，有利于提高其电催化性能；此外，$W_2C$ 的存在也会对其性能有所影响。本书为了仅说明棒状结构 $WO_3$ 的剪切程度对后续所得 WC 的电催化性能影响，所以仅选取不含 DWCNTs 的碳化产物 T12 和 T13 表面负载 10% Pt，所得催化剂分别记为 X1 和 X2。

### 5.4.1 X1 的相组成分析

对催化剂 X1 进行物相分析，如图 5-16 所示，$2\theta$ 在 31.51°、35.65°、48.3°、64.0°、65.6°、73.3°、75.8°、77.1° 和 84.1° 等位置上出现的谱峰，符合 PDF 卡片 01-087-2727，分别对应于（001）、（100）、（101）、（110）、（002）、（111）、（200）、（102）和（220）等晶面的衍射峰，属于六方相 WC。$2\theta$ 在 40.3°、46.8°、68.4°和 81.4°等处出现的衍射峰，符合 PDF 卡片 01-070-2431，对应 Pt 的（111）、（200）、（220）和（311）等晶面的衍射峰，属于典型的 Pt 的面心立方结构（fcc）特征。通过上述分析，表明 Pt 已经沉积到 WC 表面，但没有改变 WC 原有的物相结构（此处 WC 的峰位与图 5-5 中 950℃碳化所得 WC 的峰位一致），表明催化剂 X1 主要由 WC 和 Pt 组成。同时还发现，Pt 各个晶面的衍射峰呈现一定的“宽化”现象，说明沉积于 WC 表面的 Pt 颗粒尺寸比较小。针对其中 Pt（111）晶面，根据 Scherrer 公式可计算 Pt 的平均粒径 $d$ 大小，得到 X1 中 Pt 的平均粒径为 2.9nm。说明通过乙二醇还原法可以将氯铂酸还原为 Pt 颗粒，并与 WC 混合，其中 Pt 颗粒尺寸可达纳米级。催化剂 X1 记为 WC(T12)-Pt。

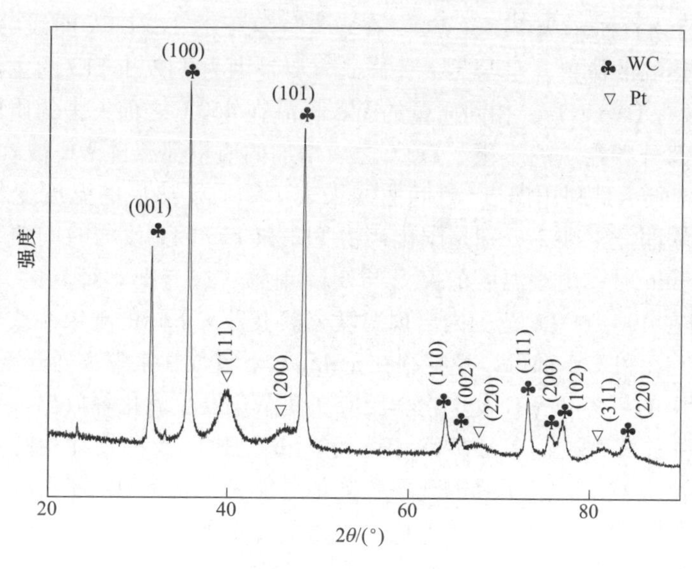


图 5-16　X1 的 XRD 图谱

### 5.4.2　碳化钨（T12）负载铂的微观形貌分析

图 5-17 所示为 WC(T12)-Pt 的微观形貌图。从图 5-17（a）可看出，WC(T12)-Pt 中 WC 的尺寸在 100nm 以下，形貌较不规则，表面被黑色颗粒覆盖，疑似 Pt 颗粒。进一步对图 5-17（a）放大，得到图 5-17（b），大量细小的黑色颗粒分布在较浅颜色的基底上，应该是 Pt 颗粒分散在 WC 表面。图中白色箭头所指的黑色部分，可能是部分 Pt 颗粒的堆积，也可能是部分 WC 纳米片的重叠。图 5-17（c）所示为图 5-17（b）局部区域的放大图，从中可发现，这些 Pt 颗粒呈类球形，较均匀地分布在 WC 表面。从图 5-17（d）中 HRTEM 图可发现，WC 与 Pt 的晶格条纹清晰并且连续，说明 WC 和 Pt 的结晶度高，具有很好的结晶结构。WC 与 Pt 晶粒紧密接触，并且相互交叠，有利于它们之间发生协同催化效应。Pt 颗粒的尺寸范围为 2~5nm，其中晶面间距 $d$ 为 0.227nm 对应 Pt 的（111）晶面。进一步说明催化剂上 WC 与 Pt 晶粒共存，此结果与 XRD 结果（见图 5-16）一致。

### 5.4.3　X2 的相组成分析

对催化剂 X2 进行物相分析，如图 5-18 所示。图 5-18 中 $2\theta$ 在 31.51°、35.65°、48.3°、64.0°、65.6°、73.3°、75.8°、77.1° 和 84.1° 等位置上出现的谱峰，符合 PDF 卡片 01-087-2727，分别对应于 WC 的（001）、(100)、(101)、(110)、(002)、(111)、(200)、(102) 和（220）等晶面的衍射峰，说明催化

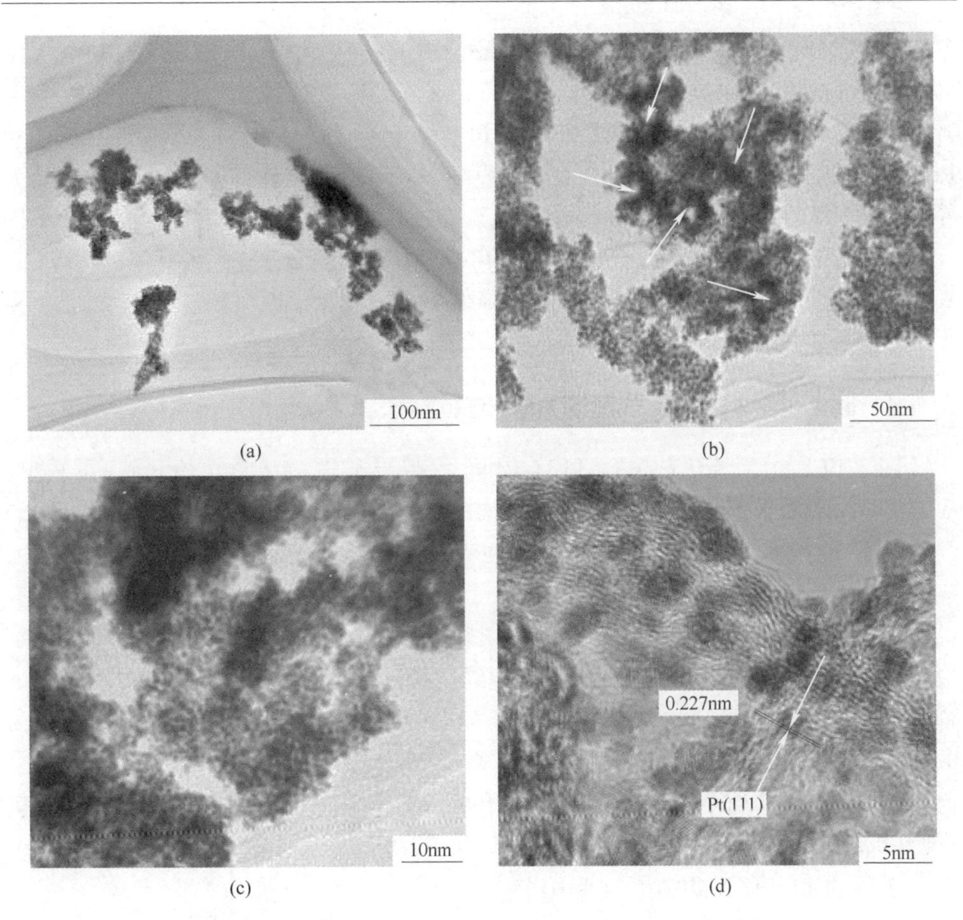


图 5-17　WC(T12)-Pt 的 TEM(a,b,c)和 HRTEM(d)图

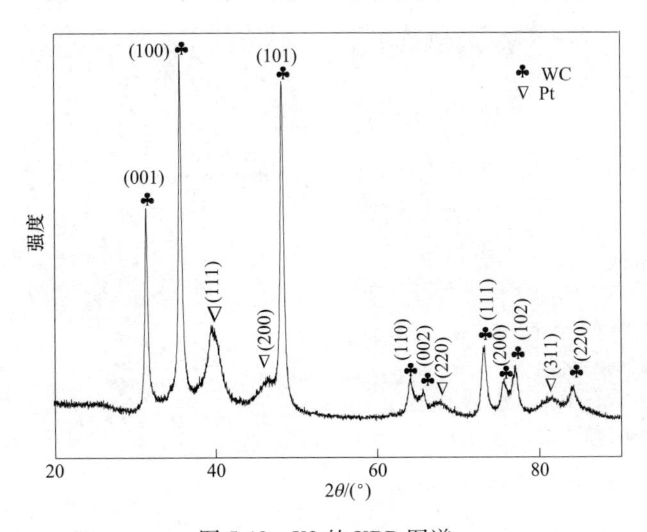


图 5-18　X2 的 XRD 图谱

剂 X2 的成分里有 WC。除了 WC 特征峰外，还在 39.61°、46.51°和 67.60° 等位置出现的衍射峰，主要对应于 Pt 的（111）、(200）和（220）等晶面（PDF 卡片 04-0802)，说明催化剂 X2 成分里有 Pt。综上所述，催化剂 X2 主要由 WC 和 Pt 组成。针对其中 Pt（111）晶面，根据 Scherrer 公式可计算 Pt 的平均粒径 $d$ 大小，得到 X2 催化剂中 Pt 的平均粒径为 5.1nm。与催化剂 X1 中的 Pt 颗粒的平均尺寸（2.9nm）相比，明显增大。这可能是由于经氧气剪切所得较小尺寸 WC(X1) 更有利于负载 Pt 颗粒并同时降低 Pt 颗粒的尺寸。催化剂 X2 的成分为 WC 和 Pt，记为 WC(T13)-Pt。

### 5.4.4　碳化钨（T13）负载铂的微观形貌分析

图 5-19 所示为催化剂 WC(T13)-Pt 的微观形貌图。从图 5-19（a）可看出，WC(T13) 形貌较不规则，部分棒状结构的长度大于 200nm，部分颗粒状结构的尺寸为几十纳米，比 WC(T12)-Pt 中的 WC 团聚程度大。进一步放大，得到图 5-19（b)，局部棒状结构的长度约 40nm，宽度约 20nm。样品表面分布着较分散的 Pt 纳米颗粒，呈类球形，尺寸范围为 5~10nm。但 WC 与 Pt 颗粒之间接触不紧密。图 5-19（c）是图 5-16（b）中边缘区域的 HRTEM 图，从图中可发现，该样品具有很好的结晶结构，WC 与 Pt 的晶格条纹清晰并且连续。其中晶面间距为 0.25nm、0.23nm 和 0.2nm 分别对应于 WC（001）、Pt（111）和 Pt（200）晶面。图 5-19（d）所示为局部区域的电子衍射图，从中可发现，衍射环分别对应 WC（001）、WC（102）、Pt（200）和 Pt（220）晶面。进一步说明催化剂中 WC 与 Pt 晶粒共存，此结果与 XRD 结果（见图 5-18）一致。

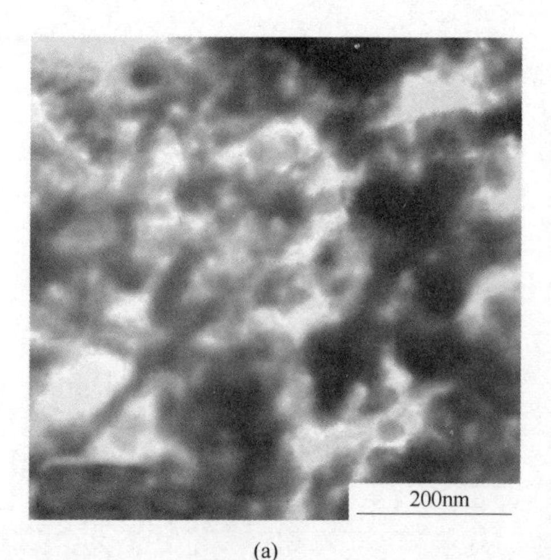

(a)

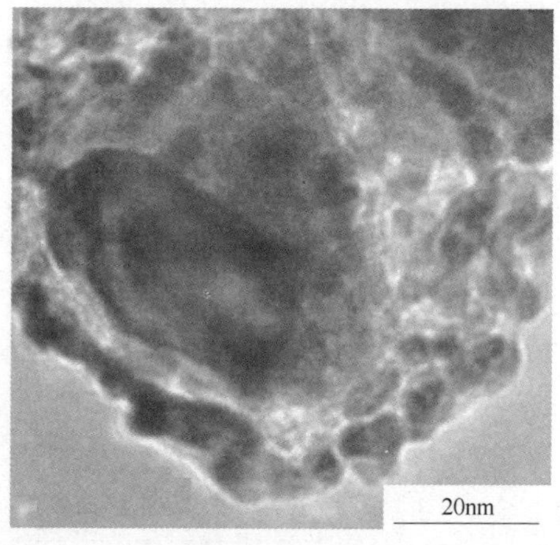

(b)

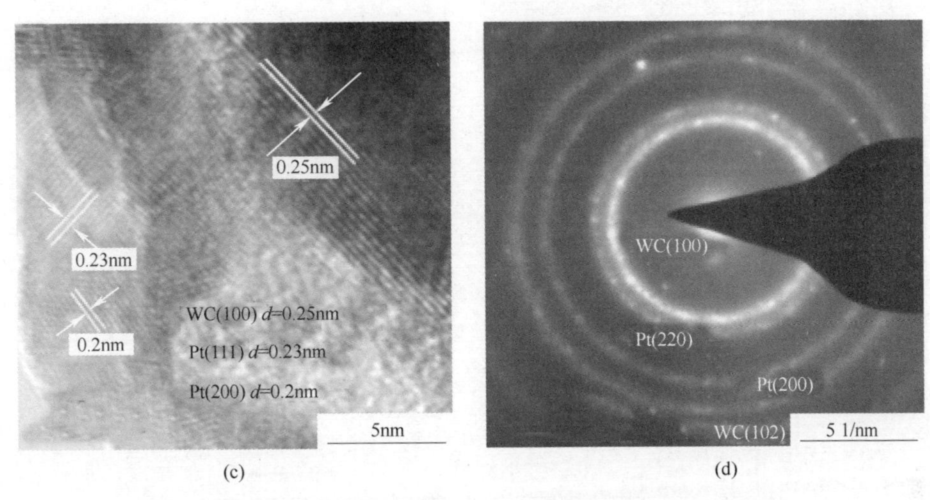


图 5-19 WC(T13)-Pt 的 TEM(a, b)、HRTEM(c)和 SAED(d)图

## 5.5 碳化钨负载铂的电催化性能测试与分析

### 5.5.1 碳化钨负载铂在硫酸中的电催化性能

以 WC(T12)-Pt 和 WC(T13)-Pt 作为电催化剂[14]，在 0.5mol/L $H_2SO_4$ 溶液中测试了电催化性能，结果如图 5-20 所示，对 CV 曲线的整个电位扫描范围进行观察，在横坐标正向扫描方向，首先在电位-0.3~-0.2V 范围内出现了 $H_2$ 的第一个脱附峰，其次在电位-0.2~-0.1V 出现了 $H_2$ 的较宽的第二个氧化脱附峰。随后进入双电层区，这主要是由于电极表面的双电层结构引起的[15]，之后在电位大于 0.3V 时，出现了较宽的 $O_2$ 的氧化吸附峰；在横坐标负向扫描方向，在 0.4~0.6V 电位区间出现了 $O_2$ 的还原脱附峰，随后进入双电层区，之后为 $H^+$ 的还原吸附峰。该结果清楚地表明，WC(T12)-Pt 和 WC(T13)-Pt 催化剂都对 $H_2$ 和 $O_2$ 具有一定的催化活性。

在正向扫描曲线与负向扫描曲线上分别发生 $H_2$ 的氧化与还原反应，其反应化学方程式表达如下：

氧化： $$H_2 \longrightarrow 2H^+ + 2e \tag{5-2}$$

还原： $$2H^+ + 2e \longrightarrow H_2 \tag{5-3}$$

CV 曲线中的氢脱附峰对应的面积表示参与氧化反应的电量，其面积大小反映了催化剂的电化学活性表面积大小[18]。根据公式：

$$\mathrm{ECSA} = Q/(m\beta) \tag{5-4}$$

式中，$Q=s/v$，$s$ 为氢的脱附峰积分面积，$v$ 为曲线扫描速度，100mV/s；$m$ 为 Pt 在电极上的载量，0.2mg/cm$^2$；$\beta$ 为每平方厘米 Pt 表面可吸附 $1.3\times10^{15}$ 氢原子所对应的电量，0.21mC/cm$^2$。

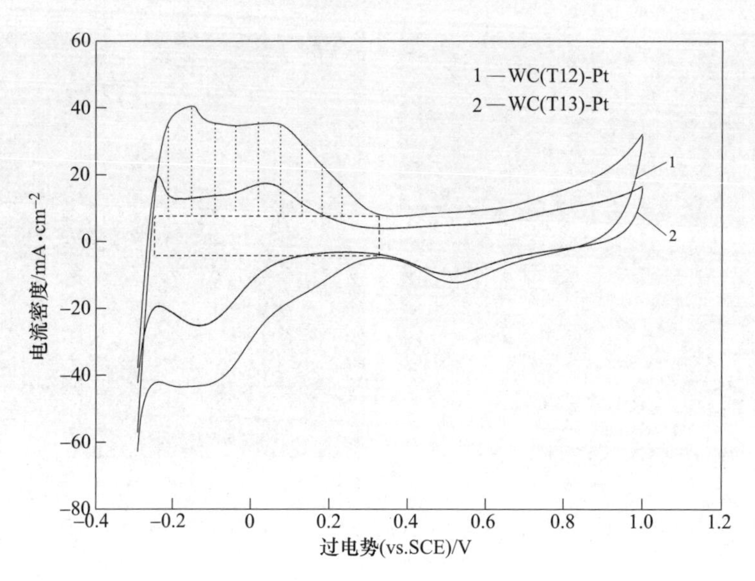


图 5-20　WC(T12)-Pt 和 WC(T13)-Pt 在 0.5 mol/L $H_2SO_4$ 溶液中的 CV 曲线

由计算出 WC(T12)-Pt 和 WC(T13)-Pt 催化剂的有效电化学活性表面积（ECSA）分别为404.7$m^2/g$ 和162$m^2/g$，即 WC(T12)-Pt 催化剂上的氢脱附区面积大于 WC(T13)-Pt 催化剂上的氢脱附区面积。这说明 WC(T12)-Pt 催化剂比 WC(T13)-Pt 催化剂具有更大的电化学活性面积，意味着利用氧气对 $WO_3$ 进行剪切再随之碳化，所得 T12 中的 WC 纳米片较薄，可以改善 WC(T12)-Pt 中的 Pt 纳米粒子的分散性，减少了 Pt 颗粒的团聚（见图 5-17），更好地发挥了 WC 与 Pt 之间的协同电催化效应。

在正向扫描曲线与负向扫描曲线上分别发生 $O_2$ 的氧化与还原反应，其反应化学方程式表达如下：

氧化：　$$2H_2O \longrightarrow 4H^+ + O_2 + 4e \tag{5-5}$$

还原：　$$4H^+ + O_2 + 4e \longrightarrow 2H_2O \tag{5-6}$$

WC(T12)-Pt 催化剂的最大电流密度约为 12.3$mA/cm^2$，WC(T13)-Pt 催化剂的最大电流密度约为 9.3$mA/cm^2$。通过以上数据分析可知，WC(T12)-Pt 催化剂相对于 WC(T13)-Pt 催化剂，具有更显著的氧化还原峰和更大的催化氧还原的活性面积，这些都表明在酸性溶液中，WC(T12)-Pt 具有更高的催化氧还原的电化学活性。这说明利用氧气对 $WO_3$ 纳米棒进行剪切后再碳化，所得 T12 与 Pt 复合后，得到的 WC(T12)-Pt 的电催化能力更高，分析其原因，主要表现在以下几个方面：(1) WC 呈薄片状且尺寸较小，Pt 颗粒均匀地铺展在 WC 表面，具有较好的结晶度和较小的颗粒尺寸（3~5nm）；(2) WC 呈薄片状，具有良好的结晶度与导电性，有利于提高电子的传递效率，增加电流密度；(3) 工作电极中的 WC 粉末与 Pt 颗粒发挥了协同催化效应，电极对 $H_2$ 的电催化氧化能力增强，使电催化反应更容易进行；（4）电催化反应都是在固（载体及电催化剂）-液（电解液）-气（反应气体）三相界面上进行，由于制备 WC 的过程中，所用的 $WO_3$ 经氧气剪切后的尺寸较小，$WO_3$ 之间留有空隙，随之碳化所得纳米 WC 具有较小尺寸且保留了一些空隙，在此基础上进行负载 Pt 后，这些空隙仍然部分存在，有利于三相界面的形成，使电解液和反应气体能够通过这些空隙到达电催化剂的表面，最终表现出更高的电催化活性。

### 5.5.2 碳化钨负载铂在硫酸甲醇中的电催化性能

目前，以醇类直接为燃料的燃料电池，尤其是 DMFC 已成为研究与开发的热点，并取得了长足进步。DMFC 一般用 Pt 作为阳极催化剂，然而单一的 Pt 催化剂对甲醇氧化电催化活性低，而且易被甲醇氧化的中间产物所毒化。此外，贵金属 Pt 的价格昂贵，因此在使用过程中应尽可能提高 Pt 的利用率从而降低 Pt 用量。本书在 T12 和 T13 的表面沉积 Pt，将载 Pt 后的 WC(T12)-Pt 和 WC(T13)-Pt 作为直接甲醇燃料电池用电催化剂，进行甲醇氧化电催化性能测试，如图 5-21 所示，电势扫描范围在 0 到 1.0V 之间，扫描速度为 100mV/s，电解液为 0.5mol/L $H_2SO_4$ 和 1.0mol/L $CH_3OH$。

目前普遍观点认为，甲醇在 Pt 电极上的氧化反应属于“双途径”机理，即甲醇首先解离吸附在电极表面，生成毒性中间产物 CO，随后 CO 被氧化而脱附再生成 $CO_2$。其对应的化学反应方程式如下：

$$Pt\text{-}CH_3OH(ads) \longrightarrow Pt\text{-}CO(ads) + 4H^+ + 4e \tag{5-7}$$

$$Pt\text{-}CO + Pt\text{-}OH \longrightarrow 2Pt + CO_2 + H^+ + e \tag{5-8}$$

据文献报道[20]，甲醇电催化氧化属于不可逆反应，其中正扫电位区间出现的氧化峰属于甲醇的氧化反应，负扫电位区间出现的氧化峰属于电极表面的中间产物 CO 被氧化而脱附后释放出 Pt 的活性位，从而形成了甲醇氧化的反相氧化峰。图 5-21 中出现的正向扫描的氧化峰和负向扫描的氧化峰有相互交错的伏安行为，说明甲醇在 X1 和 X2 催化剂上的氧化过程都是由甲醇解离吸附和中间产物氧化“双途径”机理完成的，即在较低电位下，催化剂表面因有机小分子解离吸附物的积累被毒化，只有当电位升高解离吸附物被除去以后，反应才主要由活性中间体的途径进行。通常来讲，初始氧化电位直接影响到 C—H 键的断裂和接下来含碳中间物的进一步氧化反应。观察图 5-21，WC(T12)-Pt 和 WC(T13)-Pt 催化剂对甲醇氧化的初始氧化电位都在 0.2V(vs. SCE) 左右，当电势正向扫描时，随着扫描电位的提高，电流密度都逐渐增加，当扫描电位分别达到 0.54V 和 0.69V 左右出现最大氧化电流峰（甲醇的第一次氧化峰），WC(T12)-Pt 和 WC(T13)-Pt 的电流密度峰值分别达到 $152mA/cm^2$ 和 $98mA/cm^2$。此峰对应的扫描电位越低，峰电流密度值越大，越有利于催化剂的甲醇氧化反应，说明 WC(T12)-Pt 催化剂的甲醇氧化反应活性大于 WC(T13)-Pt 的甲醇氧化反应活性。

当电势反向扫描时，分别在 0.31V 和 0.47V 左右出现甲醇的第二次氧化峰，其对应的电流密度分别为 112mA/cm$^2$ 和 76mA/cm$^2$，此峰的意义是吸附在催化剂表面的氧化中间产物（Pt-OH）继续发生的氧化反应。这说明吸附在催化剂 WC(T12)-Pt 表面的氧化中间产物（Pt-OH）继续发生的氧化反应比 WC(T13)-Pt 的更强烈。正向扫描的峰电流（$I_f$）代表催化剂对甲醇的催化氧化，而负向扫描的峰电流（$I_b$）则代表催化剂对甲醇中间产物的电催化过程。因此，可以依据正向扫描的峰电流 $I_f$ 与反向扫描的峰电流 $I_b$ 的比值（$I_f/I_b$）大小来评价催化剂抗 CO 中毒能力。$I_f/I_b$ 比值越大，说明在电位正向扫描过程中，Pt 的活性位被甲醇氧化的中间产物 CO 吸附覆盖的面积就越小，催化剂中毒程度就越小，说明抗中毒能力越强。由图中 WC(T12)-Pt 和 WC(T13)-Pt 的 $I_f/I_b$ 值分别为 1.357 和 1.289，可得出 WC(T12)-Pt 的抗中毒能力明显优于 WC(T13)-Pt。

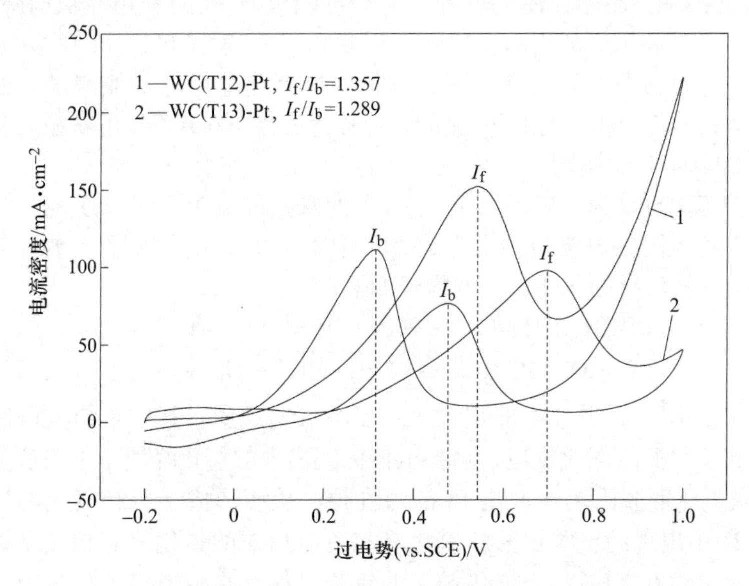


图 5-21 WC(T12)-Pt 和 WC(T13)-Pt 催化剂的甲醇氧化循环曲线

结合前述各自的 TEM 图，WC(T12)-Pt 的甲醇电催化活性及抗中毒能力明显大于 WC(T13)-Pt，主要是因为，Pt 颗粒分散在具有尺寸小、比表面积较高的 WC(T12) 纳米片表面，有利于发挥两者之间的协同催化活性与抗中毒能力。WC(T13)-Pt 的抗中毒能力较差，可能是由于 Pt 与 WC(T13) 载体结合，片状 WC 的厚度较大且尺寸较大，大部分 Pt 颗粒沉积在较大尺寸 WC(T13) 的表面，使 Pt 颗粒与 WC(T13) 之间的协同催化效应没有得到有效展示，从而降低了整个 WC(T13)-Pt 催化剂的抗中毒能力。此外，WC(T12)-Pt 催化剂上甲醇的起始氧化电位（$E_{onset}$ = 0.54V）比 WC(T13)-Pt 的（$E_{onset}$ = 0.69V）降低了 150mV，WC(T12)-Pt 的甲醇氧化峰电流（152mA/cm$^2$）是 WC(T13)-Pt 的（98mA/cm$^2$）

的1.6倍，WC(T12)-Pt 的抗中毒能力（$I_f/I_b=1.357$）是 WC(T13)-Pt 的（$I_f/I_b=1.289$）的1.1倍，这都表明 WC(T12)-Pt 催化剂具有更好的甲醇氧化催化活性。分析其原因，一方面是由于 $H_2WO_4$ 在碳化前通过氧气的剪切，得到的片状 $WO_3$ 的厚度较小，使后续制备的 WC(T12) 呈薄片状且尺寸较小（50~100nm，见图4-5），负载贵金属 Pt 颗粒后，减轻了 Pt 纳米颗粒的团聚，使 Pt 纳米颗粒的有效利用面积得以提高，同时发挥了“类 Pt” WC(T12) 与 Pt 之间的协同催化效应，因此提升了其利用率与催化活性；另一方面是 WC 的晶格结构对其催化活性影响较大，很早就有研究发现六方晶系 WC 的催化活性是面心立方晶系 WC 结构的两倍，本实验制备的 WC 属于六方晶系，所以催化活性较高。

### 5.5.3 碳化钨负载铂的稳定性

计时电流技术可以对所制备的催化剂进行稳定性评价。图5-22所示为 WC(T12)-Pt 与 WC(T13)-Pt 在 0.5mol/L $H_2SO_4$+1.0mol/L $CH_3OH$ 溶液中且极化电压为0.7V时的计时电流曲线。

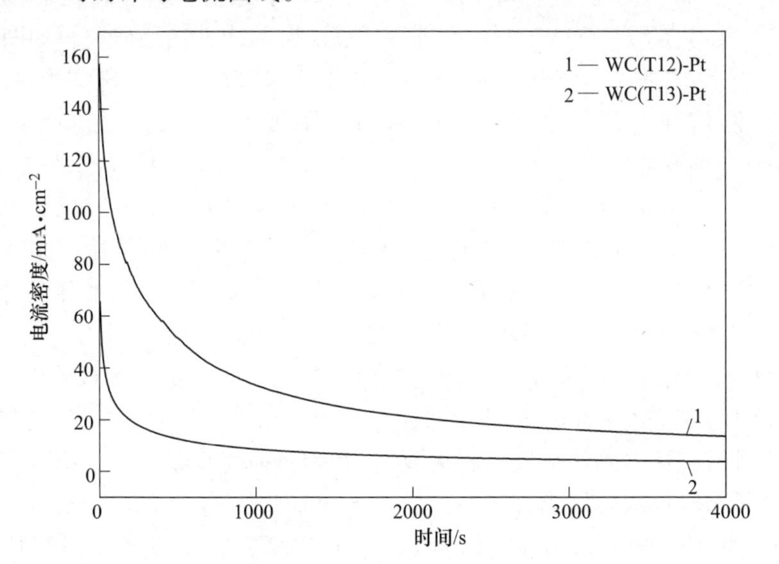


图5-22 WC(T12)-Pt 与 WC(T13)-Pt 在 0.5mol/L $H_2SO_4$+1.0mol/L $CH_3OH$ 溶液中的计时电流

由图5-22可见，在刚开始的几十秒内，WC(T12)-Pt 与 WC(T13)-Pt 的初始电流都呈现出较高的数值，主要是由于双电层的快速充电所致；之后的500s内，电流密度呈现迅速衰减的趋势，可归因于甲醇电催化氧化过程产生的中间产物吸附在催化剂表面；1000s后，电流密度逐渐趋于稳定；4000s测试结束时，WC(T12)-Pt 和 WC(T13)-Pt 的电流密度分别是 13.9mA/$cm^2$ 和 3.8mA/$cm^2$，

WC(T12)-Pt 的电流密度大约是 WC(T13)-Pt 的电流密度的 3 倍。结果表明，WC(T12)-Pt 催化剂在甲醇氧化过程中具有较高的电化学活性和稳定性，主要归因于：(1) WC(T12)-Pt 催化剂中的 WC 纳米片较为分散，使沉积在其表面的 Pt 较为分散，缓解了 Pt 颗粒的团聚；(2) WC 与 Pt 结合较为紧密，有利于两者之间发挥协同催化作用；(3) WC 自身良好的耐腐蚀性及抗 CO 中毒能力。这些因素交织在一起，使 WC(T12)-Pt 催化剂在较高的电流密度下可以较长时间地发挥催化作用。

### 5.5.4 碳化钨负载铂的氧还原性能及机理分析

通常评价催化剂的氧还原反应（oxygen reduction reaction，ORR）性能的参数有三个：起始电位（电流密度开始随电位的下降增大时的电位值），其值越正越好；半波电位（极限电流密度一半时的电位值），用来表征催化剂氧还原反应的活性，其值越大越好；极限电流密度（电流密度达到稳定平台时的值），其值越大越好。为进一步探究催化剂的 ORR 过程与机理，采用旋转圆盘电极对 WC(T12)-Pt 和 WC(T13)-Pt 催化剂进行了氧还原的线性扫描研究，如图 5-23 所示。旋转圆盘转速为 1600r/min，在 $O_2$ 饱和的 0.5mol/L $H_2SO_4$ 溶液中，WC(T12)-Pt 催化剂电极出现了明显的氧还原阴极电流，其起始电位为 0.74V (vs. NHE)，半波电位为 0.62V (vs. NHE)。WC(T13)-Pt 催化剂电极也出现了明显的氧还原阴极电流，其起始电位为 0.68V (vs. NHE)，半波电位为 0.59V (vs. NHE)。与 WC(T13)-Pt 电极相比，WC(T12)-Pt 的氧还原起始电位明显发生正移（约 130mV）。电位在 0V（vs. SCE）时 WC(T12)-Pt 电极的氧还原极限电流密度为 9.65mA/$cm^2$，是 WC(T13)-Pt(4.32mA/$cm^2$) 的 2.2 倍。结果表明，WC(T12)-Pt 催化剂具有更正的初始电位和半波电位以及更大的极限电流，所以 WC(T12)-Pt 具有更好的 ORR 催化活性。这说明利用氧气对 $WO_3$ 进行较大程度剪切，再进行碳化得到的小尺寸片状 WC，有利于提高其载 Pt 催化剂的氧还原性能，此结果与循环伏安结果完全一致。由于 WC 会影响 Pt 的电子分布，尤其是 Pt 的 5*d* 空轨道，WC(T12)-Pt 催化剂中 Pt 与 WC 紧密接触（见图 5-17 (d)），有利于 WC 与 Pt 之间产生这种电子作用，从而更好地发挥协同催化作用，增强 Pt 的氧还原催化活性。

氧气还原历程有两种途径：一种是二电子途径，氧分子首先得到两个电子还原为 $H_2O_2$ 或 $HO_2^-$，然后再进一步还原为 $H_2O$ 或 $OH^-$；另一种是四电子途径，氧分子得到四个电子而直接还原成 $H_2O$ 或 $OH^-$。催化剂在氧气的还原反应中四电子途径相对二电子途径的性能更好，因为二电子途径产生的 $H_2O_2$ 或 $OH^-$ 会腐蚀催化剂载体，影响催化剂的使用寿命。为了考察催化剂的氧化还原反应历程，可对其进行不同转速下的线性扫描伏安测试，并用 Koutecky-Levich 公式[4,5] 来证

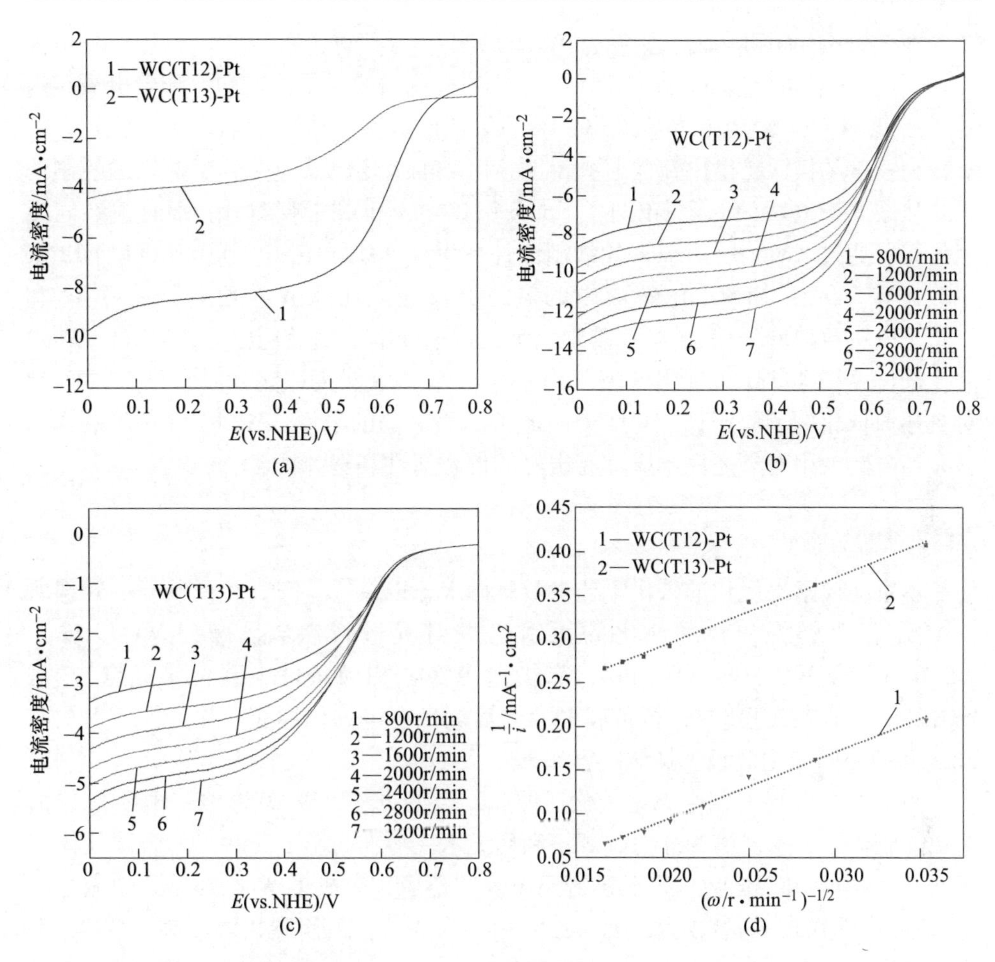


图 5-23 25℃下氧气饱和的 0.5mol/L $H_2SO_4$ 溶液中 WC(T12)-Pt 和 WC(T13)-Pt 催化剂的氧还原曲线（扫描速度为 5mV/s，圆盘转速为 1600r/min）(a)；不同转速下的氧还原的极化曲线(b，c)；0.65V 电位下 Koutecky-Levich 曲线(d)

明。根据 Koutecky-Levich 公式计算可得电子转移数 $n$

$$\frac{1}{i_1} = \frac{1}{i_k} + \frac{1}{B\omega^{1/2}} \tag{5-9}$$

$$B = 0.62nFAD^{\frac{2}{3}}\nu^{-\frac{1}{6}}C_{O_2} \tag{5-10}$$

式中，$i_1$为扩散控制下的极限电流；$i_k$为电极表面活性物质发生反应的动力学电流；$\omega$ 为电极转速，$s^{-1}$；$n$ 为每个 $O_2$ 分子还原所转移的电子数，$mol^{-1}$；$F$ 为法拉第常数，96500C/mol；$A$ 为电极有效面积，0.1256cm$^2$；$D$ 为 $O_2$ 在 0.5mol/L $H_2SO_4$ 溶液中的扩散系数，$D=1.4\times10^{-5}cm^2/s$；$\nu$ 为水的动力学黏度，0.01cm$^2$/s；$C_{O_2}$为 25℃时 $O_2$ 在 0.5mol/L $H_2SO_4$ 中的饱和浓度，$1.1\times10^{-5}mol/cm^3$。

图 5-23（b）和（c）所示为 WC(T12)-Pt 和 WC(T13)-Pt 催化剂在相同 0.4V 电位下不同转速（800~3200r/min）的极化曲线，由图可知，随着电极转速的增加，WC(T12)-Pt 和 WC(T13)-Pt 的氧还原极限电流密度随之增大，且有相对较为稳定的极限扩散电流区域，说明该区域的氧还原反应受到氧扩散的控制约束。从图 5-23（d）可以看出两条 Koutecky-Levich 曲线近似直线，而且直线间近似平行。通过 Koutecky-Levich 曲线斜率计算得到 WC(T12)-Pt 和 WC(T13)-Pt 催化剂在 0.5mol/L $H_2SO_4$ 电解液中的氧还原反应电子数 $n$ 数值分别为 3.82 和 3.80，说明两种催化剂上的 $O_2$ 基本上都是通过四电子途径还原的，WC(T12)-Pt 催化剂比 WC(T13)-Pt 催化剂表现出更好的氧还原催化性能，但并没有改变 Pt 对氧还原催化的反应历程，同样为四电子历程，总的来说，WC(T12)-Pt 催化剂在酸性电解液中对氧还原反应具有很好的催化活性和选择性。

## 5.6　本章小结

本章在摸索出优化的碳化工艺参数基础上，以氧气、空气和氮气气氛处理所得 $WO_3$ 作为钨源，利用气化的无水乙醇对其进行渗碳，得到 WC(T12)、WC(T13) 和 WC/DWCNTs(T14，有少量 $W_2C$，相同条件下碳化未完全)。对 WC(T12) 和 WC(T13) 进行负载 Pt，之后测试了电催化性能，并分析了 WC 与 Pt 之间的协同催化效果。具体内容如下：

（1）采用程序升温与原位碳化还原相结合的方法，以 DWCNTs/$H_2WO_4$ 作为钨源前驱体，无水乙醇为液态碳源，利用无水乙醇在高温下分解出的含碳气体和还原性气体对中间体 $WO_3$ 表面进行原位渗碳还原，完成了 $WO_3$ 到 WC 的完全碳化过程。合适的工艺参数为，无水乙醇用量为 3mL，最高碳化温度为 950℃，碳化时间为 2h。

（2）基于第 4 章中借助氧气对纳米棒状 DWCNTs/$H_2WO_4$ 进行剪切生成具有较高比表面积且小尺寸的片状 $WO_3$，采取摸索出的碳化工艺参数，制备了具有较高比表面积（$11m^2/g$）且小尺寸（50~100nm）的片状 WC(T12)。

（3）为了进行对比，分别以空气和氮气气氛中 DWCNTs/$H_2WO_4$ 的脱水产物 $WO_3$ 和 DWCNTs/$WO_3$ 作为钨源，进行原位碳化还原。其中以空气处理所得的 $WO_3$ 作为钨源，可以实现由 $WO_3$ 到 WC 的完全碳化，制备的片状 WC(T13) 具有较小尺寸（100~150nm）和较高比表面积（$6m^2/g$）。而以氮气处理所得的 DWCNTs/$WO_3$ 作为钨源，由 $WO_3$ 到 WC 的碳化过程不彻底，含有极少量的 $W_2C$。

（4）分别以 T12 和 T13 为载体，进行表面负载 10%Pt（质量分数），制备了 WC(T12)-Pt 和 WC(T13)-Pt 催化剂。电催化性能显示，在 0.5mol/L $H_2WO_4$ 中氢电极的交换电流密度分别为 $12.3mA/cm^2$ 和 $9.3mA/cm^2$，甲醇氧化峰电流密度分别为 152mA/cm$^2$ 和 98mA/cm$^2$，抗中毒能力（$I_f/I_b$）分别为 1.357 和 1.289。这说明 WC(T12)-Pt（小尺寸 WC，50~100nm）高于 WC(T13)-Pt（大尺寸 WC，100~150nm）的催化性能，经剪切 $WO_3$ 所得小尺寸片状 WC(50~100nm）与 Pt 纳米颗粒（2.9nm）紧密接触，可高效发挥其与 Pt 的协同催化作用。

## 参 考 文 献


[1] Tong Z, Wen M, Lv C, et al. Ultrathin and coiled carbon nanosheets as Pt carriers for high and stable electrocatalytic performance [J]. Appli. Catal. B: Environ., 2020, 269: 118764.

[2] Tong Z, Wen M, Yu C Q, et al. Template-mediated growth of tungsten oxide with different morphologies for electrochemical application [J]. Mater. Lett., 2020, 264: 127309.

[3] Silva C L T D, Camorim V L L, Zotin J L, et al. Surface acidic properties of alumina-supported niobia prepared by chemical vapour deposition and hydrolysis of niobium pentachloride [J]. Catal. Today, 2000, 57 (3): 209~217.

[4] Hwu H H, Chen J G. Surface chemistry of transition metal carbides [J]. Chem. Rev., 2005, 105: 185~212.

[5] Ren M J, Kang Y Y, He W, et al. Origin of performance degradation of palladium-based direct-formic acid fuel cells [J]. Appl. Catal. B: Environ., 2011, 104: 49~53.

[6] Chen Y, Zhou Y M, Tang Y W, et al. Electrocatalytic properties of carbon-supported Pt-Ru catalysts with the high alloying degree for formic acid electro-oxidation [J]. J. Power Source, 2010, 195 (13): 4129~4134.

[7] Lemaître J, Benoît V, Bernard D. Control of the catalytic activity of tungsten carbides: I. Preparation of highly dispersed tungsten carbides [J]. J. Catal. 1986, 99 (2): 415~427.

[8] Nikolov I, Nikolova V, Vitanov T, et al. The effect of method of preparation on the catalytic activity of tungsten carbide [J]. J. Power Sources, 1979, 4 (1): 65~75.

[9] 李继刚，吴希俊，谭洪波，等. 纳米 WC 粉的制备及其热稳定性研究 [J]. 稀有金属材料与工程，2004，33 (7): 736~739.

[10] Gregg S J, Sing K S W. 吸附、比表面积与空隙率 [M]. 高径倧，译. 北京：化学工业出版社，1989: 411~418.

[11] Myers Drew. Surfaces, Interfaces, and Colloids: Principles and applications, second edition [M]. Join Wiley & Sons, inc. New York, USA, 1999: 179~211.

[12] Barrett E P, Joyner L G, Halenda P P. The determination of pore volume and area distributions in porous substances: I. computations from nitrogen isotherms [J]. J. Am. Chem. Soc., 1951, 73 (1): 373~380.

[13] D'Agostino A T. Determination of thin metal film thickness by x-ray diffractometry using the Scherrer equation, atomic absorption analysis and transmission/reflection visible spectroscopy [J]. Anal. Chim. Acta, 1992, 262 (2): 269~275.

[14] Chen Z Y, Ma C A, Chu Y Q, et al. WC@ meso-Pt core-shell nanostructures for fuel cells [J]. Chemi. Comm., 2013, 99: 11677~11679.

[15] Benedetto B, Abyaneh M K, Bertrand B, et al. Spectroelectrochemical study of the electro-oxidation of ethanol on WC-supported Pt-Part Ⅲ: Monitoring of electrodeposited-Pt catalyst ageing by in situ fourier transform infrared spectroscopy, in situ sum frequency generation spectroscopy and ex-situ photoelectron spectromicroscopy [J]. J. Power Sources, 2013, 231: 6~17.

[16] Ko A R, Lee Y W, Moon J S, et al. Ordered mesoporous tungsten carbide nanoplates as non-Pt catalystsfor oxygen reduction reaction [J]. Appl., Catal, A: Gen. 2014, 477: 102~108.

[17] Maryam Y, Jahanshahi M, Seghatoleslami N. Pt catalysts on PANI coated WC/C nanocomposites for methanol electro-oxidation and oxygen electro-reduction in DMFC [J]. Appl. Surf. Sci. 317, 2014: 496~504.

[18] Chhina H, Campbell S, Kesler O. High surface area synthesis, electrochemical activity, and stability of tungsten carbide supported Pt during oxygen reduction in proton exchange membrane fuel cells [J]. J. Power Sources. 2008, 179 (1): 50~59.

[19] Tang C Y, Wang D Z, Wu Z Z, et al. Tungsten carbide hollow microspheres as electrocatalyst and platinum support for hydrogen evolution reaction [J]. Inte. J. Hydrogen. Energ. 40 (8), 2015, 40 (8): 3229~3237.

[20] Ma C A, Liu W M, Shi M Q, et al. Low loading platinum nanoparticles on reduced grapheneoxide-supported tungsten carbide crystallites as a highly active electrocatalyst for methanol oxidation [J]. Electrochim. Acta, 2013, 114 (114): 133~141.

[21] Wu Ziping, Xia Baoyu, Wang Xiaoxia, et al. Preparation of dispersible double-walled carbon nanotubes and application as catalyst support in fuel cells [J]. J. Power Sources, 2010, 195 (8): 2143~2148.

[22] Wu Ziping, Zhao Man, Hu Jingwei, et al. Preparation of tungsten carbide nanosheets with high surface area by an in-situ DWCNTs template [J]. RSC Advances, 2014, 4 (88): 47414~47420.

# 6 超薄卷曲碳纳米片载铂甲醇氧化性能

## 6.1 概述

直接甲醇燃料电池（DMFC）是一种理想的电源，因为它具有较高的能量转换效率和无污染的特性[1~5]。然而，碳负载 Pt 电催化剂的利用效率却阻碍了 DMFC 技术的商业化应用。对于商用 Pt/vulcan XC-72（炭黑）催化剂，炭黑的腐蚀行为导致了无定形碳的形成以及 Pt 纳米颗粒的迁移、团聚和脱离[6~10]；而且它们的电催化性能会逐渐恶化，这主要是由于炭黑的电化学氧化所致。为了提高碳载体的耐腐蚀性能，常用方法是提高其石墨化程度，调节其微观形貌。具有结构孔隙率的高石墨化碳载体对氧化环境具有良好的耐受性，为反应物（如 $H^+$）的运输提供了通道，可以有效提高 Pt 催化剂的电催化活性和稳定性。因此，通过碳基载体的化学修饰或形态调节来锚定 Pt 颗粒，可以提高 Pt 催化剂的利用效率[11~14]。

在第 5 章中摸索出了制备 WC 的最佳碳化温度和乙醇/甲醇比例，当乙醇/甲醇体积比为 10∶90 时，碳化产物 S16 是 WC 颗粒表面包裹了石墨化碳层的核壳结构材料（详见第 5 章）。在相同控温程序下，将乙醇/甲醇体积比为 20∶80 时，得到另一碳化产物 S17。相对于碳化产物 S16，S17 完成了 $WO_3$ 到 WC 的完全转化，并且由于乙醇体积占比更大，制备 S17 过程中注入了更多碳量。也就是说，制备 S17 过程中通入的碳源量比 WC 实际需要的碳源量更多。对 S17 进行了相关表征，发现 S17 的 WC 颗粒周边有许多卷曲盘绕具有开放式结构碳纳米片，与 S16 的核壳结构不同，其中 WC 主要作为制备这种碳纳米片的基底。利用 $HNO_3$/HF/$H_2O$ 溶液将 WC 颗粒与碳纳米片进行了分离，得到去除了 WC 的超薄卷曲碳纳米片，同时在碳纳米片上引入了一些含氧官能团。利用该碳纳米片负载 Pt-NPs，制备了催化剂，测试了该催化剂的 MOR 性能。

## 6.2 实验部分

### 6.2.1 碳化钨与超薄卷曲碳纳米片的分离

在前期工作中，以 CNTs 为模板制备了前驱体 $H_2WO_4$/CNTs。在本章实验中，主要对其进行碳化，再对碳化产物的表面碳基体进行剥离，作为 Pt 载体进行电催化性能研究。具体过程如下：

(1) 称取 0.5g 前驱体均匀平铺在刚玉磁舟中。

(2) 将前驱体连同刚玉磁舟推送到高温炉中心区，于空气气氛中 600℃煅烧。

(3) 以乙醇/甲醇（体积比为 20∶80）作为碳源，在高纯度氮气保护下以 0.5mL/min 的流速注入炉内，1000℃碳化 2h，得到碳化产物 S17（WC@UC-CNS）（具体实验过程见第 3 章和第 4 章）。

(4) 为了将 UC-CNS 与底物 WC 分离，把 WC@UC-CNS 分散于三种不同体积比（1∶10∶10，1∶1∶2 和 10∶1∶10）的 $HNO_3$/HF/$H_2O$ 混合溶液中，室温下浸泡 6h。

(5) 将上述溶液过滤、洗涤、干燥，所得产物分别标记为 UC-CNS-1、UC-CNS 和 UC-CNS-2。作为对比样品，利用超声分散法对 WC@UC-CNS 进行了物理分离。

### 6.2.2 超薄卷曲碳纳米片载铂电催化剂的制备

超薄卷曲碳纳米卡载铂电催化剂的制备步骤如下：

(1) 称取 8.5mg UC-CNS 置于 200mL 氯铂酸（$H_2PtCl_6$）溶液中（含 1.5mg Pt，100mL 去离子水和 100mL 乙二醇），超声分散 30min。

(2) 将上述溶液移入圆底烧瓶中，置于微波反应器内，调整反应程序，进行还原反应。

(3) 反应结束后，冷却至室温，过滤、洗涤，60℃干燥 2h。得到 UC-CNS/Pt 催化剂。

(4) UC-CNS/Pt 中 Pt 负载量（质量分数）控制在 15%。商品 Pt/C(Pt 负载量（质量分数）为 20%）作为对比材料。

## 6.3 结果与讨论

### 6.3.1 碳化钨/超薄碳纳米片的物相与结构表征

图 6-1 所示为碳化产物 S17 的相关表征结果。如图 6-1（a）和（b）所示，碳化产物周围延伸出近乎透明的褶皱结构材料。TEM 结果进一步证实了复合材料的形貌结构。图 6-1（c）进一步显示大量黑色粒子被超薄且近乎透明的纳米褶皱状薄片包围（如图 6-1（c）中的红色箭头表示）。从图 6-1（d）可以看出，$2\theta$ 在 31.5°、35.7°、48.4°、64.1°、73.3°、77.3°和 84.3°等位置出现的衍射特征峰，分别对应 WC 的（001）、（100）、（101）、（110）、（111）、（102）和（201）等晶面。由于 WC@UC-CNS 样品中无定形碳的含量降低，没有发现明显的碳峰，$2\theta$ 在 40°处出现了较弱的衍射峰强度，与碳的（220）晶面相对应。

从图 6-2（a）很容易观察到黑色颗粒周围缠绕着具有开放结构的纳米片，结

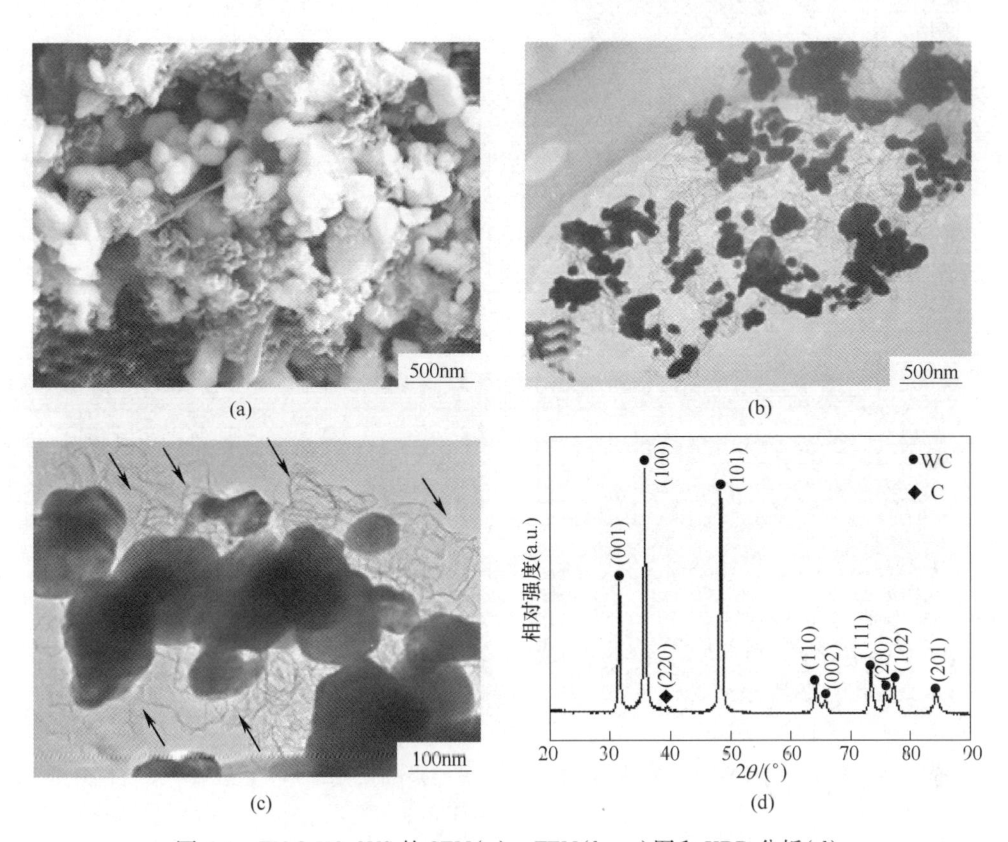


图 6-1 WC@UC-CNS 的 SEM(a)、TEM(b，c)图和 XRD 分析(d)

合图 6-2（b）（见图 6-2（a）中所选区域）的 EDS 结果和图 6-1（d）所示的 XRD 结果，可以得出碳化产物的主要元素为 W 和 C，表明黑色颗粒和浅色纳米片分别为 WC 和石墨碳。W 与 C 的原子比小于 1∶1，说明前驱体已完全碳化，碳含量多出 1.58%，说明随着温度降低，过饱和碳在 WC 颗粒表面析出。图 6-2（a）中所选区域的放大图（见图 6-2(c)和(d)）显示了开放结构纳米片的边缘呈卷曲状，且晶格条纹很清晰。

从 WC 颗粒延伸出来的近透明纳米片平均直径约 50nm（见图 6-3（a）），这与被包裹黑色颗粒的粒径接近。WC 颗粒主要沿（100）晶面生长（图 6-3(b)）。测试结果显示，可以通过持续提供乙醇/甲醇作为碳源，在 WC 基底上生长大量弯曲的碳纳米片。主要原因可能是通过连续供给过量碳原子，WC 晶粒溶碳达到饱和后，过量碳析出到 WC 颗粒表面，形成壳状包覆层。碳壳在氮气流和碳源分解产生的气流冲击下脱离 WC 表面，形成这种具有开放结构的边缘卷曲碳纳米片。

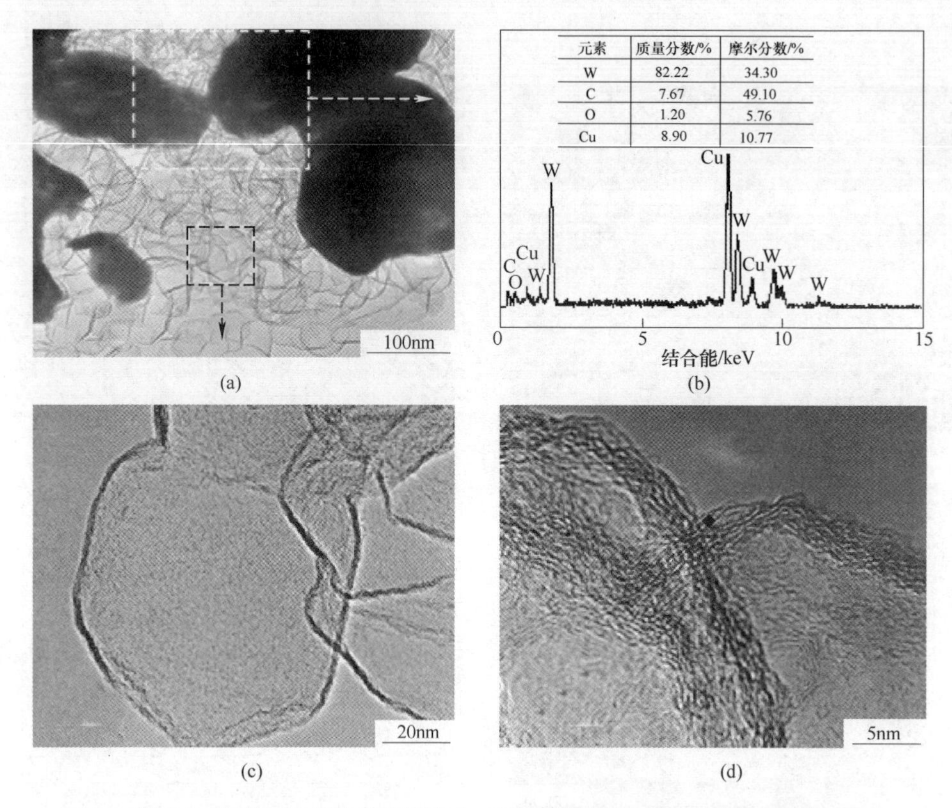


(a)　(b)

(c)　(d)

图 6-2　WC@ UC-CNS 的 TEM(a)、EDS 结果(b)、图(a)所选区域的放大 TEM(c)和 HRTEM(d) 图

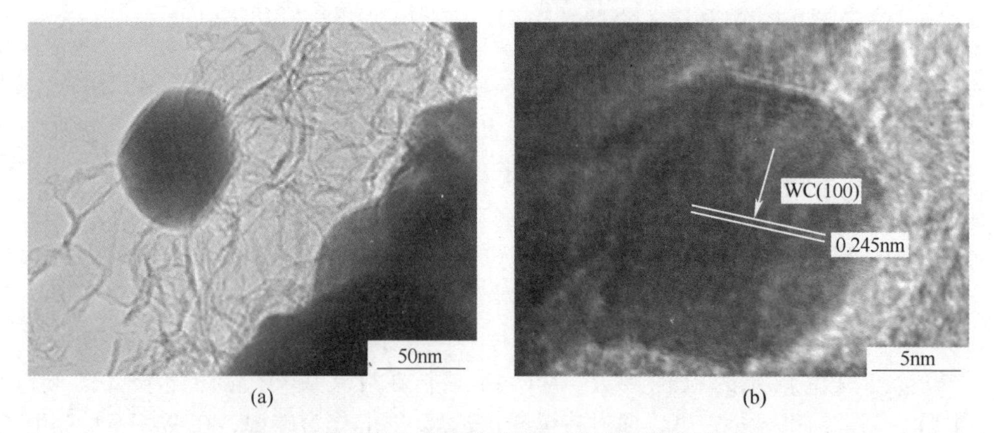


(a)　(b)

图 6-3　WC@ UC-CNS 的 TEM(a)和 HRTEM(b) 图

### 6.3.2　分离产物的物相与结构表征

为了研究碳纳米片的微观结构和其他物理化学性质，尝试在对 UC-CNS 不造

成严重破坏的前提下，将 WC@ UC-CNS 中的 UC-CNS 从 WC 基底上分离出来。采用两种不同的分离方法：

（1）将 WC@ UC-CNS 置于乙醇中超声分散 10h，然后根据 UC-CNS 的密度比 WC 更小，很容易漂浮在溶液表面，通过抽滤就可以得到 UC-CNS，结果如图 6-4 所示。

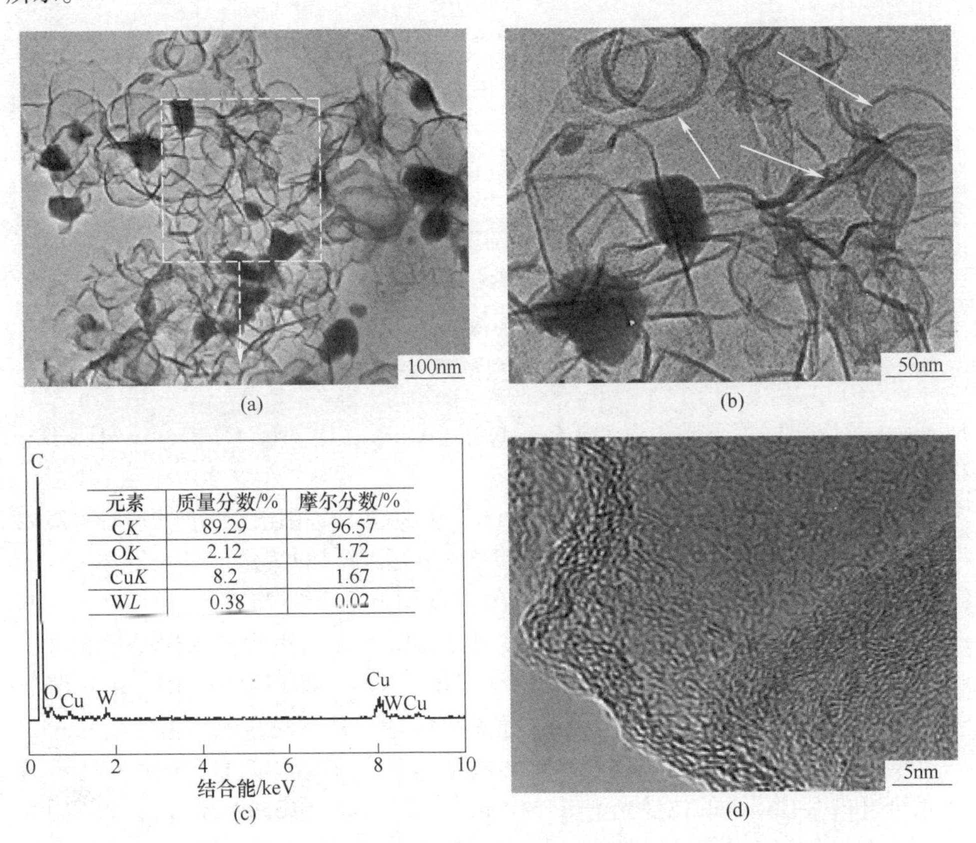


| 元素 | 质量分数/% | 摩尔分数/% |
|---|---|---|
| C*K* | 89.29 | 96.57 |
| O*K* | 2.12 | 1.72 |
| Cu*K* | 8.2 | 1.67 |
| W*L* | 0.38 | 0.02 |

图 6-4 WC@ UC-CNS 超声纯化处理后样品的 TEM(a, b)、图(a)所选区域的 EDS 结果(c)和 HRTEM 图(d)

图 6-4（a）的 TEM 图像显示，一些黑色粒子仍然附着于纳米薄片上。结合图 6-1 中的 TEM 图可知，UC-CNS（见图 6-4（b）和（d））的形态和微观结构几乎没有改变。EDS 结果如图 6-4（c）所示（见图 6-4（a）所选区域），样品中仍存在一定量的 W，说明通过超声分散，不能完全将 UC-CNS 从 WC 基底上剥离。

（2）将 WC@ UC-CNS 浸泡在三种不同体积比 $HNO_3$ : HF : $H_2O$ = 1 : 10 : 10、1 : 1 : 2 和 10 : 1 : 10 溶液中。对分离后的样品 UC-CNS-1，UC-CNS 和 UC-CNS-2 进行红外光谱和拉曼光谱分析。红外光谱结果如图 6-5 所示，曲线 3 在 1573cm$^{-1}$、564cm$^{-1}$、825cm$^{-1}$、916cm$^{-1}$、1347cm$^{-1}$、3410cm$^{-1}$处的吸收峰分别对

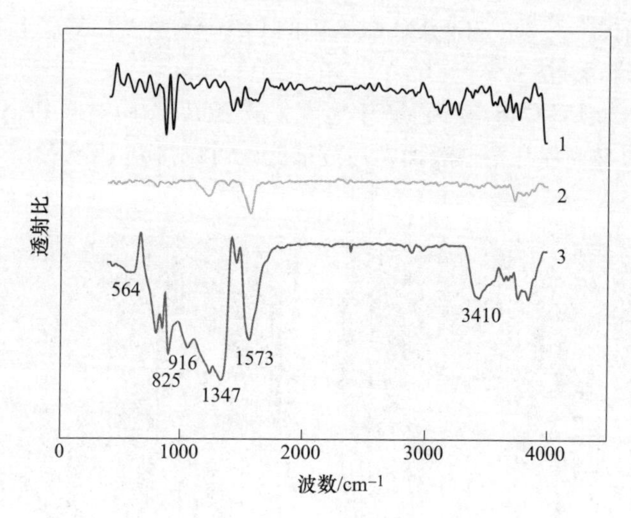


图 6-5 WC@ UC-CNS、UC-CNS-1 和 UC-CNS 的红外光谱
1—WC@ UC-CNS；2—UC-CNS-1；3—UC-CNS

应 C═C；C—H；C—H，C—O；C—H，C—O—C，O—H，C—O；C—H，O—H；O—H；O—H 等官能团。

与 WC@ UC-CNS 的红外光谱（见图 6-5 中曲线 1）相比，经酸处理后官能团明显增多，这可能是由于酸处理过程中 $HNO_3$ 对碳材料的氧化，引入了含氧官能团。UC-CNS-1（见图 6-5 曲线 2）的峰值强度明显低于 UC-CNS（见图 6-5 中曲线 3），说明 UC-CNS-1 中的含氧官能团比 UC-CNS 中的更少。主要是因为 UC-CNS-1 是由 $HNO_3$ 体积含量更少的 $HNO_3$ : HF : $H_2O$（体积比 1 : 10 : 10）溶液分离而得到，说明溶液体系中 $HNO_3$ 含量越少，引入的含氧官能团越少。

样品的拉曼光谱为研究碳材料的内在质量提供了结构信息。图 6-6 所示为 UC-CNS 和 UC-CNS-1 的拉曼光谱。1310cm$^{-1}$、1575cm$^{-1}$ 和 2590cm$^{-1}$ 处三个不同的峰分别对应于 D 带（来自缺陷的 *sp*3 碳）、G 带（属于 *sp*2 碳）和 G′带（D 带的二阶模态，也称 2D 带）的石墨烯拉曼特征峰。UC-CNS-1 的 $I_G/I_D$ 值（1.80）比 UC-CNS（1.43）更高，说明 $HNO_3$ 体积比越大的 $HNO_3$/HF/$H_2O$ 溶液对碳纳米片的破坏越大。因此，$HNO_3$/HF/$H_2O$ 溶液体系中 $HNO_3$ 体积应控制在适当的含量范围内。结合 WC@ UC-CNS（见图 6-7 中曲线 2）和商业 WC(见图 6-7 中曲线 3）的拉曼光谱图，可得出，溶液中 $HNO_3$ 的体积比太高可能严重破坏 UC-CNS，并且不能完全将 WC 基底移除（见图 6-7 曲线 1）。而 $HNO_3$ 的体积比太小又不容易引入含氧官能团到 UC-CNS 的表面上（见图 6-5）。综合上述，$HNO_3$/HF/$H_2O$ 溶液中 $HNO_3$ : HF : $H_2O$ = 1 : 1 : 2 的体积比是分离 WC 和 UC-CNS 的最佳比例，该体积比的 $HNO_3$/HF/$H_2O$ 溶液在不严重破坏 UC-CNS 的情况下，向 UC-CNS 表面引入了适量含氧官能团。

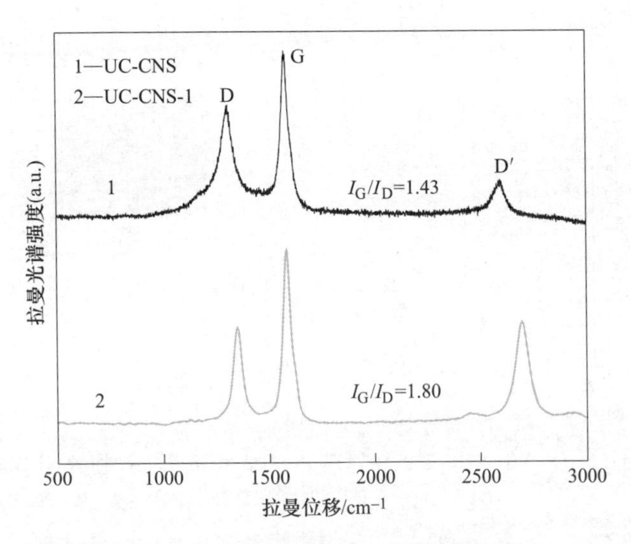


图 6-6 UC-CNS 和 UC-CNS-1 的拉曼光谱图

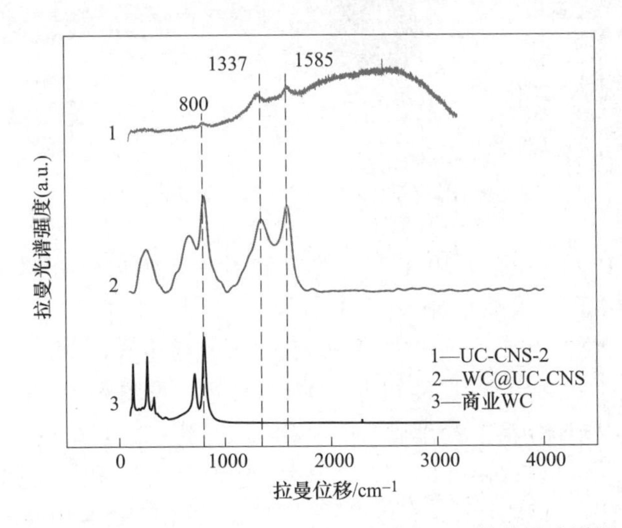


图 6-7 UC-CNS-2，WC@ UC-CNS 和商业 WC 的拉曼光谱图

采用体积比为 1∶1∶2 的 $HNO_3/HF/H_2O$ 溶液将 UC-CNS 从 WC@ UC-CNS 剥离后，将滤液进行冷冻干燥，得到的产物被证明是 $WO_3 \cdot 0.33H_2O$（见图 6-8）。以上结果表明，将 WC@ UC-CNS 浸泡于 $HNO_3/HF/H_2O$ 溶液中，WC 被 $HNO_3$ 氧化成 $WO_3 \cdot 0.33H_2O$，并溶于酸溶液，可以作为钨源，重复制备 WC@ UC-CNS（见图 6-9）。

图 6-10（a）中 SEM 结果显示 UC-CNS 从 WC 表面脱离后，呈开放空壳结构。从图 6-10（b）中 TEM 结果可以看出，剥离所得 UC-CNS 中没有残留的 WC

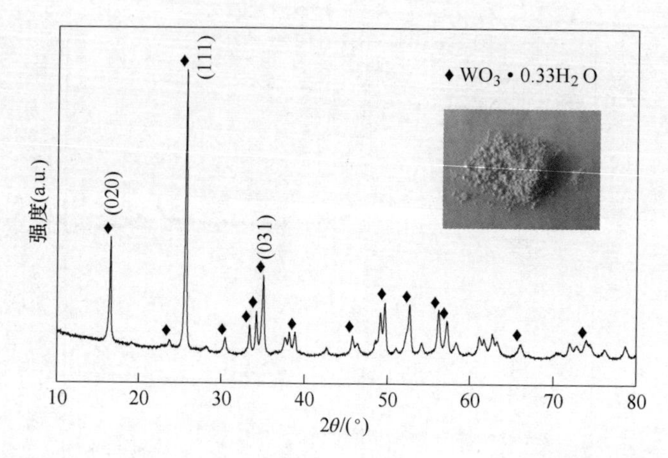


图 6-8　从 WC@ UC-CNS 中剥离 UC-CNS 后的另一产物的 XRD 谱

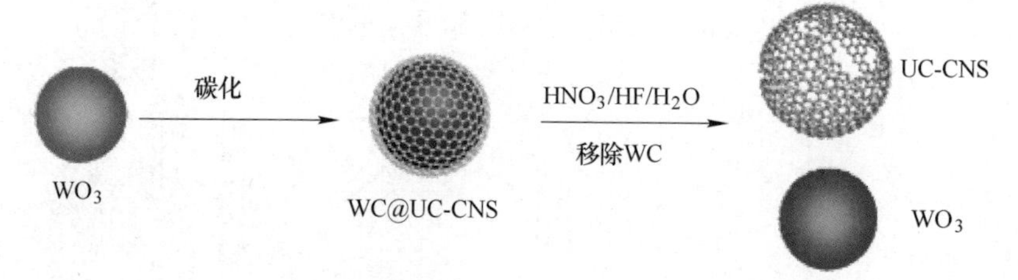


图 6-9　形成 WC@ UC-CNS 和 UC-CNS 的机理

颗粒。从图 6-10（c）（图 6-10（b）的放大图）发现纯化后的 UC-CNS 边缘呈超薄螺旋状，晶格条纹依然清晰。AFM 图像（见图 6-11）显示 UC-CNS 厚度为 3.45~5.61nm。推断在碳化过程中，WC 表面很容易生长出大约 8~16 层的卷曲碳纳米片（按照一层碳层的厚度约为 0.34nm 计算，见图 6-10（c）中内插图）。

经 $HNO_3/HF/H_2O$ 溶液处理后，UC-CNS 的形貌和微观结构没有发生明显改变，与图 6-2（c）和图 6-3（b）中 TEM 和 HRTEM 图一致，说明 UC-CNS 没有被 $HNO_3/HF/H_2O$（体积比 1：1：2）溶液严重破坏。图 6-10（d）所示为 UC-CNS 的等温吸附/脱附曲线和孔径分布图（测试时反应温度为 77K）。采用 Brunauer-Emmett-Teller（BET）方法计算分析等温吸附曲线，采用 Barrett-Joyner-Halenda（BJH）方法计算 $N_2$ 等温线脱附分支的相应孔径分布。UC-CNS 的比表面积高达 $547m^2/g$，BJH 解吸曲线显示 UC-CNS 具有介孔结构，孔径分布主要集中在 2~10nm。因此，高比表面积 UC-CNS 内含有丰富的中孔，可以促进电催化反应物的快速传递，从而使电化学性能得到增强。结合图 6-1，WC 表面覆盖的超薄、卷曲、近乎透明材料为石墨碳。因此，从形貌和石墨化程度来看，UC-CNS 具有三维类石墨烯结构。

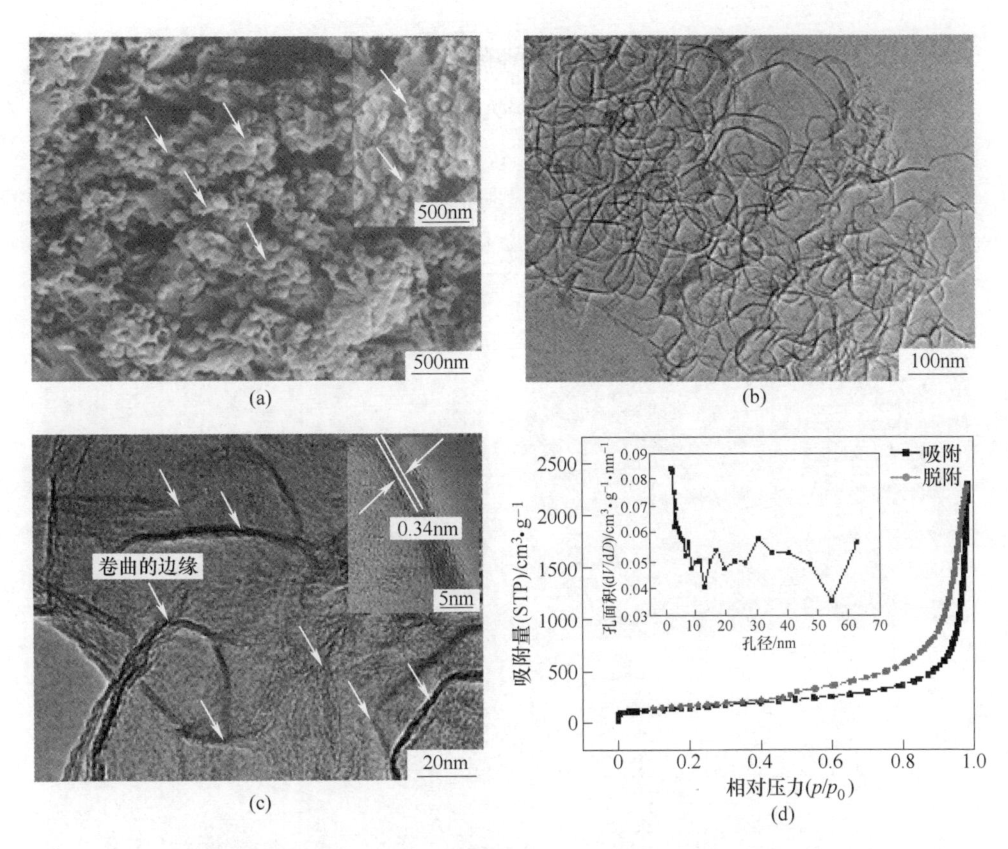


图 6-10 从 WC@UC-CNS 剥离出的 UC-CNS 的形貌和微观结构

(a) SEM 图；(b)，(c) TEM 图（图(c)中插入的为卷曲边缘的 HRTEM 图）；

(d) 吸附/脱附等温曲线及孔径分布图

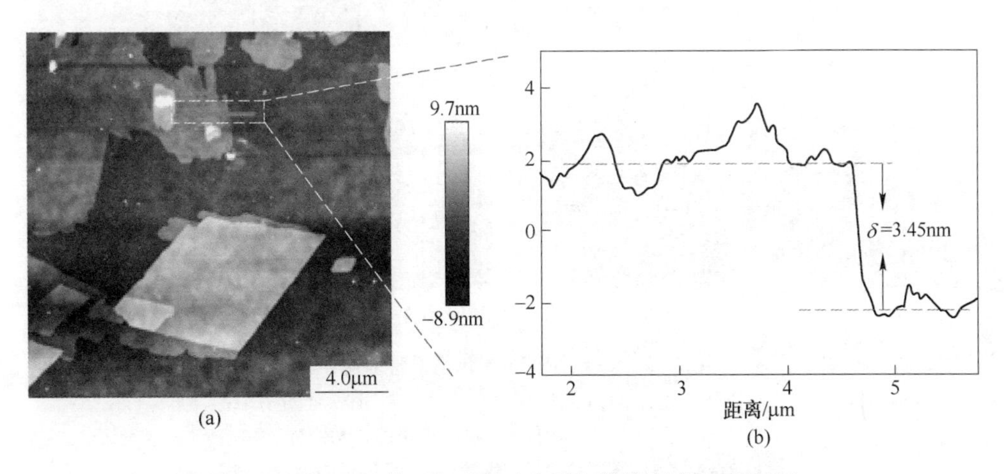


图 6-11 UC-CNS 的 AFM 图(a)和沿红线的高度剖面图(b)

### 6.3.3　超薄卷曲碳纳米片载铂电催化剂的物相与结构表征

众所周知，Pt-NPs 的分散均匀性对催化剂形貌结构有很大影响，进而影响其甲醇催化活性。图 6-12 所示为 UC-CNS 负载了 Pt NPs 的 TEM 和 HRTEM 图。可见一些黑色圆形 Pt-NPs 沉积在 UC-CNS 表面，超薄卷曲形态的 UC-CNS 与图 6-10 结果一致。

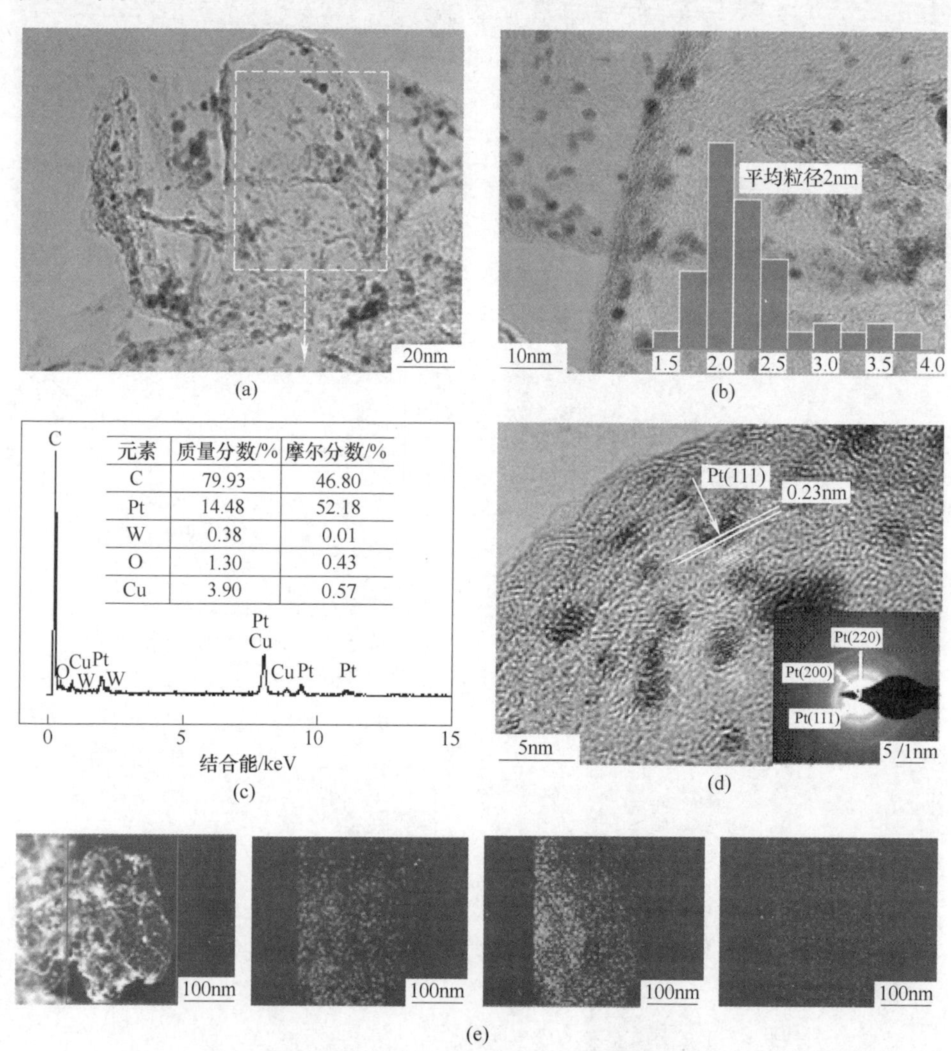


图 6-12　UC-CNS/Pt 催化剂的形貌和组成

(a)，(b) TEM 图（内置插图为 Pt-NPs 粒径分布）；(c) 图(a)选定区域的 EDS 分析；

(d) HRTEM 图（内置插图为 Pt-NPs 的 SAED）；

(e) HAADF-STEM 图像和对应的 Pt、C、W 的 EDX 映射图像

由图 6-12（a）可见，沉积在 UC-CNS 表面的 Pt-NPs 呈不均匀分布，尤其是在 UC-CNS 卷曲边缘的地方。因为 UC-CNS 呈中空壳状和开放结构（见图 6-10（c）），与商用碳载体形貌有所不同，所以由于卷曲的边缘，Pt-NPs 呈现出非均匀分布状态。为了更清晰地观察 UC-CNS/Pt 的形态，对图 6-12（a）中的 TEM 图进行放大，如图 6-12（b）所示，大量 Pt-NPs 均匀分布在 UC-CNS 表面，且没有明显聚集。通过计算选定的粒子，得到 Pt-NPs 的分布，平均粒径为 2.0nm（如图 6-12（b）中的插图）。EDS 结果（见图 6-12（c））显示，样品中主要元素是 C 和 Pt，而 W、O 和 Cu 等元素含量较少。样品中 Pt 的质量分数为 14.48%，达到理论 Pt 负载量（质量分数）的 96.5%（理论值为 15%），与 ICP-OES 得到的数值（13.76%）较为吻合。

催化剂 UC-CNS/Pt 的 XRD 谱如图 6-13 所示，在 $2\theta$ 为 39.54°、45.98° 和 67.06°处显示的衍射峰对应 Pt 的（111）、（200）和（220）晶面的特征衍射峰。晶格间距为 0.23nm 的晶粒沿 Pt（111）生长方向具有明显的择优取向（见图 6-12（d）），与所选区域电子衍射观察结果（见图 6-12（d）内插图）一致，表明 Pt 颗粒成功沉积于 UC-CNS 表面。此外，$2\theta$=26.38°处显示的特征衍射峰与石墨碳的（002）晶面对应。因此，UC-CNS 相对于原有结构保持改变。从大角度环形暗场扫描透射电子显微镜（HAADF-STEM）（见图 6-12（e））可以看出，C、Pt 和 W 元素在 UC-CNS/Pt 电催化剂中分布均匀。这可能是由于 UC-CNS 在酸溶液处理后引入了一些化学键和含氧官能团，使 Pt 颗粒在锚固过程中可以均匀分布在 UC-CNS 表面，而不会产生严重的团聚现象。去除 WC 后，可以观察到 W 元素含量极少。

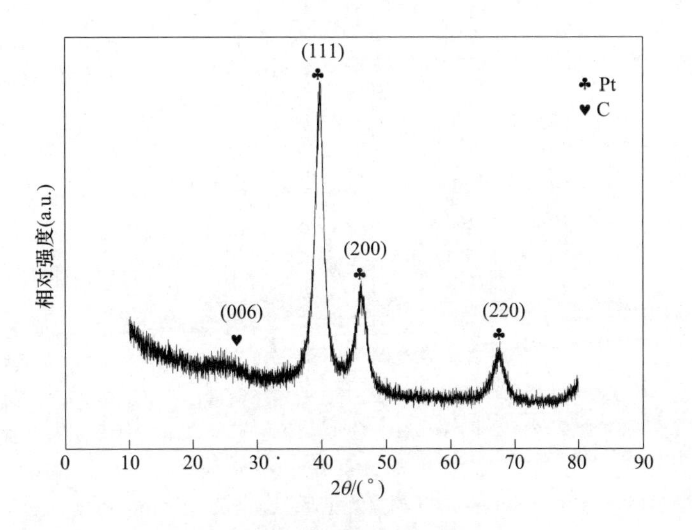


图 6-13 UC-CNS/Pt 催化剂的 XRD 谱

用 X 射线光电子能谱（XPS）对 UC-CNS/Pt 的化学环境和价电子进行了表征。测量光谱如图 6-14 所示，可以明显地识别出 C、Pt、O 元素，也可以识别出 W 元素的存在。UC-CNS/Pt 的 C 1*s* 能谱可以分为三个峰（见图 6-14(b)），即 C ═C/C—C(284. 8eV)，C—O（286. 0eV）和 O ═C—O（289. 0eV）。71. 7eV 和 75. 1eV 的峰值是在 MOR 反应中具有催化活性的 Pt（Pt $4f_{7/2}$，Pt $4f_{5/2}$）（见图 6-14（c））。为了确定 Pt 的不同氧化态，UC-CNS/Pt 的 Pt 4*f* 谱图可以拟合为三对峰。71. 7eV 和 75. 1eV、72. 6eV 和 76. 0eV 及 72. 7eV 和 78. 0eV 的结合能分别对应于 $Pt^0$、$Pt^{2+}$ 及 $Pt^{4+}$ 的三种不同氧化态。$Pt^0$ 是 Pt 颗粒表面的主要物种。说明 Pt 颗粒成功沉积在 UC-CNS 表面。此外，典型的 W 4*f* 的 XPS 谱如图 6-14（d）所示，主峰（35. 9eV 和 38. 0eV）主要是 $WO_3$，这意味着 WC 已经从 WC@ UC-CNS 移除，但仍不可避免残留了一些 WC 的氧化产物。这一结果与图 6-8、图 6-9 和图 6-12（e）的结果一致。

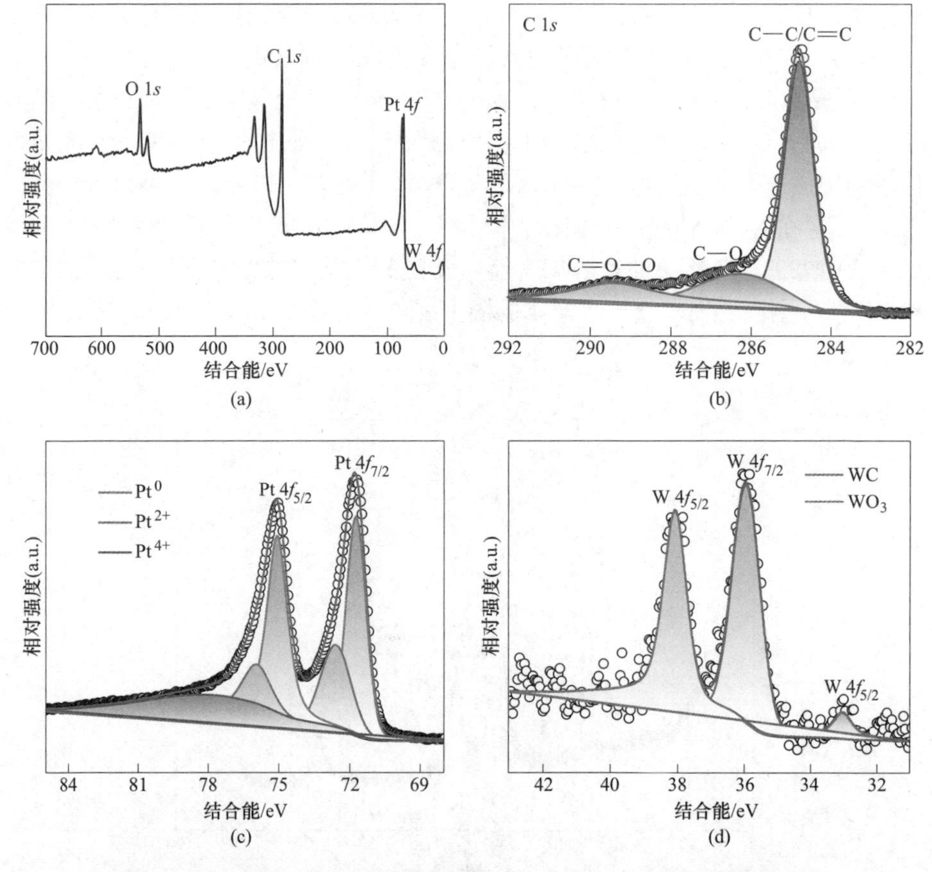


图 6-14　UC-CNS/Pt 的 XPS 测量光谱(a)，以及 UC-CNS/Pt 中相应的 C 1*s*(b)、Pt 4*f*(c)、W 4*f*(d)的高分辨率图

### 6.3.4 甲醇氧化性能分析

在酸性溶液中，在催化剂的作用下 MOR 反应方程式如下：

$$CH_3OH + 2Pt \longrightarrow Pt\text{-}CH_2OH\,(ads) + Pt\text{-}H\,(ads)$$

$$Pt\text{-}CH_2OH(ads) + 2Pt \longrightarrow Pt_2\text{-}CHOH(ads) + Pt\text{-}H(ads)$$

$$Pt\text{-}CHOH(ads) + 2Pt \longrightarrow Pt_3\text{-}CHOH(ads) + Pt\text{-}H(ads)$$

从反应方程式可以看出，反应过程分多个步骤，有很多中间产物产生，中间产物吸附在催化剂的活性位点上。所以催化剂的活性位点越多，催化性能越好。利用循环伏安法测试了 UC-CNS/Pt 催化剂的 MOR 催化性能。

图 6-15（a）所示为 UC-CNS/Pt 和商业 Pt/C 在 0.5mol/L $H_2SO_4$ 溶液中的循环伏安曲线。图 6-15（a）中，在电位分别位于 0.625~0.725V 和 0.725~1.075V 区域，观察到两个不同的电流峰，分别对应于 Pt(111) 和 Pt(100) 晶体表面的氢吸附/脱附峰。在氢的吸附/脱离区域，UC-CNS/Pt 催化剂的电流密度高于商业 Pt/C 催化剂。在电位扫描范围内正向扫描方向，氢的第一个解吸峰在电位为 0.625~0.725V 区域出现，UC-CNS/Pt 和商用 Pt/C 脱附峰的电流密度分别为 34.1mA/$cm^2$和 23.5mA/$cm^2$。氢的第二个脱附峰在电位为 0.725~1.075V 区域出现。UC-CNS/Pt 和商业 Pt/C 的脱附峰电流密度分别为 25.6mA/$cm^2$ 和 6.4mA/$cm^2$。上述结果表明，Pt(111) 表面的强催化活性，使 Pt 催化剂的催化活性增加。这是由于 Pt(111) 晶面的状态密度高干（100）晶面，费米能级附近的能带变化平缓，宽度较小，因此，电流密度是相对较高的，使 UC-CNS/Pt 催化剂具有优异的催化性能。

氢的脱附峰面积代表参与氧化反应的电流，根据公式[12]有效电化学活性表面积（ECSA）

$$ECSA = Q/(m\beta)$$

式中，$Q=sv$，$s$ 为氢脱附峰的积分面积，$v$ 为扫描速度，100mV/s；$m$ 为工作电极负载 Pt 的质量，20μg/$cm^2$；$\beta$=0.21mC/$cm^2$。

经计算，UC-CNS/Pt 催化剂的 ECSA 值为 121.98$m^2$/g。UC-CNS/Pt 催化剂的电化学活性高于商业 Pt/C 催化剂（68.62$m^2$/g），甚至高于 WC@UC-CNS/Pt 和还原氧化石墨烯/Pt(rGO/Pt) 催化剂的电化学活性（51.06$m^2$/g 和 76.58$m^2$/g，见图 6-15（a））。上述结果表明，边缘卷曲、比表面积高的 UC-CNS，抑制了 Pt 颗粒的聚集，进一步改善了 Pt 颗粒的分散性，暴露了更多的 Pt 颗粒活性中心，提高了脱氢效率和氧还原反应。

图 6-15（b）所示为 UC-CNS/Pt 与商业 Pt/C 在 $H_2SO_4$/$CH_3OH$ 电解液中的循环伏安曲线。在 1.525~1.725V 处的正扫峰为甲醇的氧化峰，在 1.125~1.425V 处的负扫峰为甲醇电氧化过程中残余碳（如 CO）的氧化峰。UC-CNS/Pt 催化剂

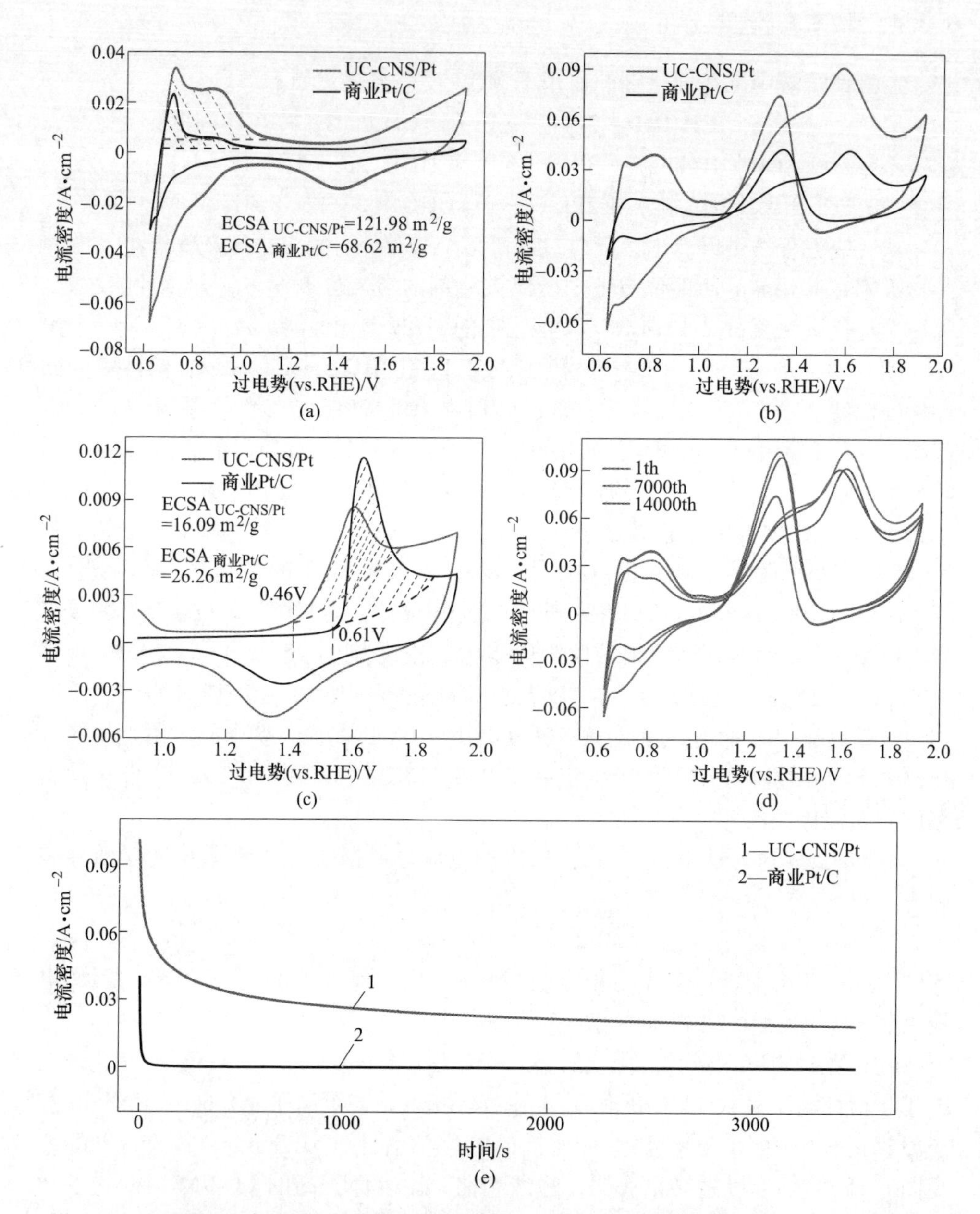


图 6-15　UC-CNS/Pt 与商业 Pt/C 催化剂在 0.5mol/L $H_2SO_4$ 中的 CV 曲线(a)，在 0.5mol/L $H_2SO_4$+1mol/L $CH_3OH$ 中的 CV 曲线(b)，在室温扫描速率为 100mV/s 时的 CO 溶出曲线(c)，UC-CNS/Pt 催化剂在扫描速率为 100mV/s 时第 1、7000 和 14000 个循环后的 CV 曲线(d)，以及极化电压为 0.68V 时的计时电流曲线(e)

的 MOR 峰电流密度为 91.7mA/cm$^2$，高于商业 Pt/C 催化剂的峰电流密度（42.2mA/cm$^2$），甚至高于 WC@UC-CNS/Pt 和 rGO/Pt 的峰电流密度（64.5mA/cm$^2$和 24.6mA/cm$^2$，见图 6-15（b））。UC-CNS/Pt 催化剂的 MOR 活性是商业 Pt/C 催化剂的 2.16 倍。在 UC-CNS/Pt 催化剂上残余碳的氧化峰电流密度（74.7mA/cm$^2$）高于商业 Pt/C（42.7mA/cm$^2$），甚至高于 WC@UC-CNS/Pt 和 rGO（53.5mA/cm$^2$ 和 13.8mA/cm$^2$，见图 6-15（b））。以上结果说明，UC-CNS/Pt 催化剂具有优异的 MOR 性能，这与 UC-CNS 高比表面积和高石墨化程度，及 UC-CNS 对 Pt-NPs 分散和锚固作用有关。

甲醇在脱氢过程中会产生中间产物 CO，反应方程式如下：

$$Pt_3\text{-}CHOH(ads) \longrightarrow Pt_2\text{-}CO + Pt + e + H^+$$

$$Pt_2\text{-}CO \longrightarrow Pt\text{-}CO + Pt$$

从反应方程式可以看出，中间产物 CO 会占据催化剂 Pt 的活性位点，这对反应是不利的。所以催化剂的催化性能好坏也和催化剂抗 CO 中毒性能有关。通常采用共溶伏安测试来表征催化剂的抗 CO 中毒性能。

为了进一步研究 UC-CNS/Pt 催化剂在甲醇酸性介质中的抗 CO 中毒能力，进行了 CO 溶出实验，结果如图 6-15（c）所示。UC-CNS/Pt 催化剂（Pt 负载量（质量分数）为 15%）的 $CO_{ad}$ 氧化反应起始电位（1.385V）明显低于商业 Pt/C 催化剂（Pt 负载量（质量分数）为 20%）的起始电位（1.535V）。CO 的电化学活性面积顺序如下：UC-CNS/Pt 催化剂（16.09m$^2$/g）<商业 Pt/C 催化剂（26.26m$^2$/g）。结果表明，UC-CNS/Pt 催化剂具有良好的电催化活性，增强了其在甲醇电氧化中的抗 CO 毒性，这很可能是由于 UC-CNS 具有良好的导电性和稳定性，改善了 Pt-NPs 分散性，暴露了更多的活性位点。

图 6-15（e）所示为 UC-CNS/Pt 和商业 Pt/C 催化剂在 1.605V 极化电压下的计时电流曲线。两种样品的电流密度开始下降趋势相似，迅速衰减，然后逐渐减小，最后趋于稳定。电流密度的快速衰减是由于中间产物在 MOR 过程中不断产生，并倾向于吸附在催化剂表面，进一步降低了催化剂的活性。当电流密度稳定后，UC-CNS/Pt 催化剂在 3500s 后残余电流更大（28.52mA/cm$^2$）。这一结果表明，UC-CNS/Pt 催化剂比商业 Pt/C 催化剂具有更高的 MOR 催化活性和循环稳定性。

为了进一步了解 UC-CNS/Pt 催化剂在甲醇酸性介质中的高电化学性能和稳定性，进行了多次循环伏安扫描，结果如图 6-15（d）所示。7000 次循环伏安测试后，MOR 的峰值电流密度从 91.7mA/cm$^2$ 增加到 102.8mA/cm$^2$，中间产物的峰值电流密度从 74.1mA/cm$^2$ 增加到 101.8mA/cm$^2$，表明越来越多的 Pt-NPs 活性位点参与了甲醇的氧化，同时伴随越来越多的中间产物出现。经过 14000 次循环伏安测试，MOR 的峰值电流密度从 102.8mA/$cm^2$ 降低到 91.9mA/$cm^2$，中间产物的峰值电流密度从 101.8mA/$cm^2$ 增加到 102.5mA/$cm^2$。结果表明，CO 最终吸附在催化剂中 Pt-NPs 表面，覆盖了 Pt-NPs 的活性位点，说明 MOR 分解不完全，伴随着电化学反应进行，产生了大量中间产物。因此，影响了催化剂的电催化活性。

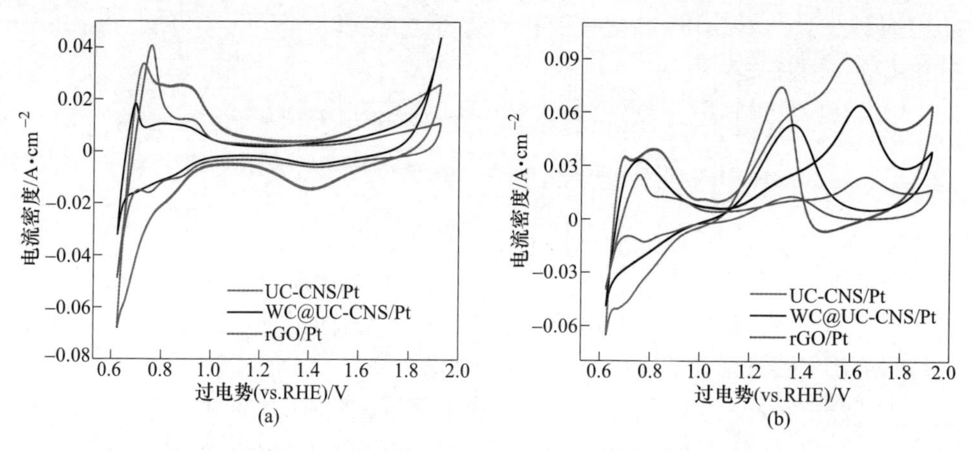


图 6-16　UC-CNS/Pt、WC@ UC-CNS/Pt 和 rGO/Pt 在 0.5mol/L $H_2SO_4$(a) 和 0.5mol/L $H_2SO_4$+1mol/L $CH_3OH$(b) 中的 CV 曲线

基于上述结果，UC-CNS/Pt 催化剂具有优异的电催化活性和良好的稳定性，主要原因如下：（1）UC-CNS 具有高石墨化程度，使其具有良好的耐蚀性，有利于限制 Pt-NPs 在电催化过程中的团聚和迁移；（2）UC-CNS 具有高比表面积和多孔性，有利于改善 Pt-NPs 的分散性并有利于电化学反应物的运输；（3）UC-CNS 表面的含氧官能团对 Pt-NPs 有很强的锚定作用，抑制了 Pt-NPs 在电催化过程中的迁移和脱落。为了进一步研究 UC-CNS/Pt 催化剂的耐久性，在 $H_2SO_4$/$CH_3OH$ 电解液中，对 UC-CNS/Pt 催化剂进行 14000 次循环伏安测试，并对循环后的催化剂形貌和微观结构进行了 TEM 和 HRTEM 表征，结果如图 6-17 所示。相比于循环测试前的催化剂形貌，循环后的 UC-CNS/Pt（见图 6-17(a)~(c)）没有发生明显改变，因此，UC-CNS/Pt 催化剂在酸性电解质中表现出良好的耐久性。Pt-NPs 在催化剂中没有明显聚集，平均粒径为 2.25nm（见图 6-17（c）的插图）。图 6-17（d）的 EDS 结果显示，UC-CNS/Pt 中 Pt 含量（质量分数）约为 11.1%，达到理论 Pt 负载量（质量分数）的 74.0%（15%）。结果表明，在经历多次循环伏安测试后，Pt-NPs 分布仍然很均匀。

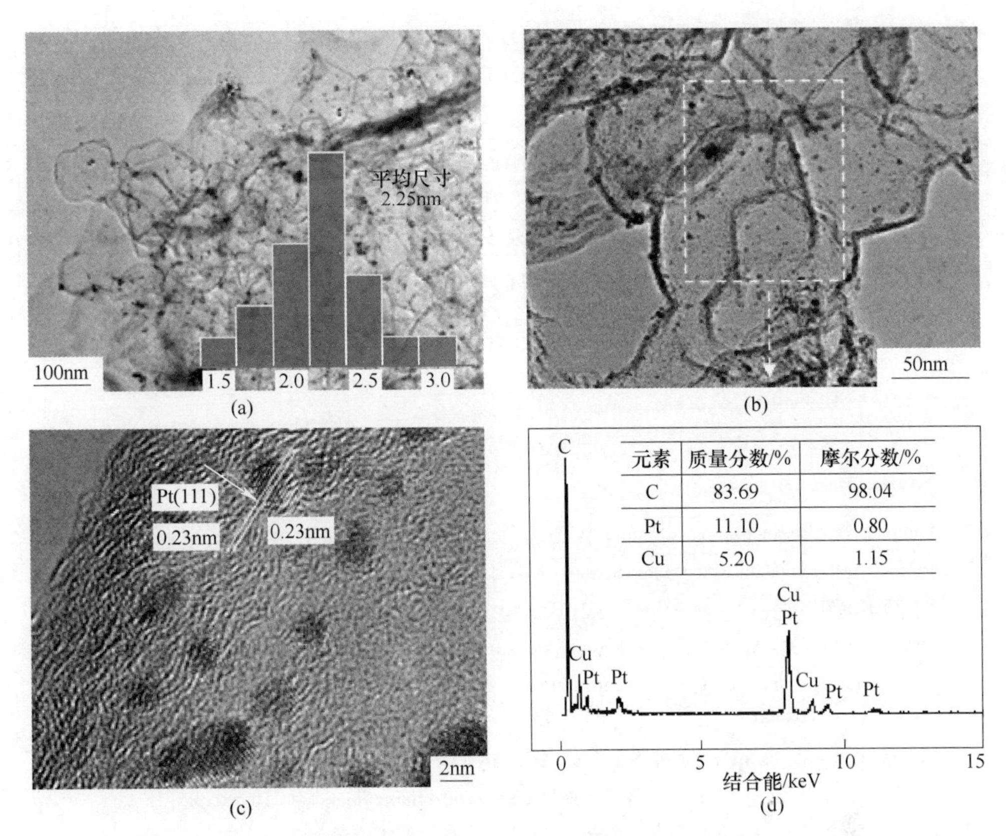


| 元素 | 质量分数/% | 摩尔分数/% |
|---|---|---|
| C | 83.69 | 98.04 |
| Pt | 11.10 | 0.80 |
| Cu | 5.20 | 1.15 |

图 6-17 室温下扫描速率为 100mW/s，14000 次循环后 UC-CNS/Pt 催化剂的形貌
(a)~(c) TEM 和 HRTEM 图（图(a)中插入的是 Pt-NPs 的粒径分布）；
(d) 图(b)中选定区域的 EDS 分析

## 6.4 本章小结

本章以乙醇/甲醇（体积比为 20∶80）作为碳源，采用化学气相沉积法制备了超薄、边缘卷曲的碳纳米片。具体是通过连续供给乙醇/甲醇，在 WC 周围生长了超薄碳纳米片（WC@ UC-CNS）。将 WC@ UC-CNS 浸泡于 $HNO_3/HF/H_2O$ 中，UC-CNS 与 WC 基底分离。WC 被氧化生成 $WO_3 \cdot 0.33H_2O$，可以重复利用制备 WC@ UC-CNS。UC-CNS 负载 Pt-NPs 具有较高的电化学性能和良好的稳定性，可作为燃料电池和其他相关绿色化工领域的电催化剂。主要结论如下：

（1）将 WC@ UC-CNS 浸泡在体积比为 1∶1∶2 的 $HNO_3/HF/H_2O$ 溶液中，可以将 UC-CNS 从 WC 表面剥离，并在 UC-CNS 表面引入含氧官能团，但不破坏 UC-CNS 形貌结构。WC 被氧化生成 $WO_3 \cdot 0.33H_2O$，可以作为钨源，重复制备 WC@ UC-CNS。

（2）边缘呈卷曲盘绕形貌的 UC-CNS 具有高石墨化度（$I_D/I_G$为 1.43）和高比表面积（547$m^2/g$），孔径为 2～10nm。碳层厚度为 3.45～5.61nm（约 8～16 个碳层）。

（3）利用微波法在 UC-CNS 表面原位还原负载 Pt-NPs，得到 UC-CNS/Pt 催化剂。在 0.5mol/L $H_2SO_4$ 电解液中，电化学活性面积达到 121.98$m^2/g$，在 0.5mol/L $H_2SO_4$/1mol/L $CH_3OH$ 电解液中，MOR 峰值电流密度达到 91.7mA/$cm^2$。在 1.605V 极化电压下进行催化反应并经过 14000 次循环伏安测试，仍然保持较高的电催化活性，并且 Pt-NPs 没有发生明显迁移、团聚和脱落。

---

## 参 考 文 献

[1] Schmies H，Bergmann A，Drnec J ，et al. Unravelling degradation pathways of oxide-supported Pt fuel cell nanocatalysts under in situ operating conditions [J]. Adv. Energy Mater.，2017，8：1701663.

[2] Jiang P，Chen J，Wang C，et al. Tuning the activity of carbon for electrocatalytic hydrogen evolution via an lridium-cobalt alloy core encapsulated in nitrogen-doped carbon cages [J]. Adv. Mater.，2018，30：1705324.

[3] Karuppannan M，Kim Y，Gok S，et al. A highly durable carbon−nanofiber-supported Pt-C core-shell cathode catalyst for ultra-low Pt loading proton exchange membrane fuel cells：Facile carbon encapsulation [J]. Energy Environ. Sci.，2019，12：2820～2829.

[4] Ahn C Y，Hwang W，Lee H，et al. Effect of N-doped carbon coatings on the durability of highly loaded platinum and alloy catalysts with different carbon supports for polymer electrolyte membrane fuel cells [J]. International Journal of Hydrogen Energy，2018，43：10070～10081.

[5] Wu H B，Xia B Y，Yu L，et al. Porous molybdenum carbide nano-octahedrons synthesized via confined carburization in metal-organic frameworks for efficient hydrogen production [J]. Nature Comm.，2015，6：6512～6519.

[6] Hassan A，Paganin V A，Ticianelli E A. Pt modified tungsten carbide as anode electrocatalyst for hydrogen oxidation in proton exchange membrane fuel cell：CO tolerance and stability [J]. Appl. Catal. B Environ.，2015，165：611～619.

[7] Li Y，Liang L，Liu C，et al. Self-healing proton-exchange membranes composed of nafion-poly (vinyl alcohol) complexes for durable direct methanol fuel cells [J]. Adv. Mater.，2018，30：1707146.

[8] Schmies H，Bergmann A，Drnec J ，et al. Unravelling degradation pathways of oxide-supported Pt fuel cell nanocatalysts under in situ operating conditions [J]. Adv. Energy Mater.，2017，8：1701663.

[9] Jiang P，Chen J，Wang C，et al. Tuning the activity of carbon for electrocatalytic hydrogen evolution via an Iridium-cobalt alloy core encapsulated in nitrogen-doped carbon cages [J].

Adv. Mater.，2018，30：1705324.

[10] Karuppannan M，Kim Y，Gok S，et al. A highly durable carbon-nanofiber-supported Pt-C core-shell cathode catalyst for ultra-low Pt loading proton exchange membrane fuel cells：Facile carbon encapsulation [J]. Energy Environ. Sci.，2019，12：2820~2829.

[11] Cong Y，Yi B，Song Y. Hydrogen oxidation reaction in alkaline media：From mechanism to recent electrocatalysts [J]. Nano Energy，2018，44：288~303.

[12] Lu L，Nie Y，Wang Y，et al. Preparation of highly dispersed carbon supported AuPt nanoparticles via a capping agent-free route for efficient methanol oxidation [J]. J. Materi. Chem. A，2018，6：104~109.

[13] Huang L，Zhang X，Wang Q，et al. Shape-control of Pt-Ru nanocrystals：Tuning surface structure for enhanced electrocatalytic methanol oxidation [J]. J. Am. Chem. Soc.，2018，140：1142~1147.

[14] 刘超，陈明伟，梁彤祥. B-C-O 化合物硬质结构的理论设计与性质研究 [M]. 北京：冶金工业出版社，2020.

# 7 总结与展望

## 7.1 总结

本书首先对DWCNTs进行纯化、无损伤分散及短切，随之以均匀分散且具有较小长径比的DWCNTs为模板，将纳米级前驱体$H_2WO_4$直接沉积在其管束表面，利用DWCNTs模板的结构调节与导向作用，有效阻碍了$H_2WO_4$的二次团聚，从而调控了$H_2WO_4$和$WO_3$的尺寸与形貌；其次，针对棒状结构$WO_3$不利于制备小尺寸WC的现实，先利用氧气对棒状结构$WO_3$进行剪切，得到小尺寸薄片状$WO_3$；再次，以小尺寸薄片状$WO_3$作为制备薄片状WC的钨源，同时利用液相碳源（无水乙醇）在高温下分解得到的含碳气体和还原性气体对薄片状$WO_3$进行碳化还原，所得WC具有薄片状结构、较小尺寸和较大比表面积；最后，对不同程度剪切所得薄片状WC的表面进行负载贵金属Pt，并对WC-Pt电催化性能进行初步研究，制备了含碳量可控的WC-Co复合粉。主要得出以下结论：

（1）针对传统液相法制备的前驱体$H_2WO_4$因二次团聚而具有尺寸大的特点，不适于作为前驱体制备纳米$WO_3$。提出了以DWCNTs作为模板，调控制备了小尺寸$H_2WO_4$和$WO_3$。具体是以乙二醇均匀分散的DWCNTs管束作为模板，通过液相反应，分别采用两种工序（模板一步法和模板二步法）将$H_2WO_4$锚钉在DWCNTs模板表面，制备了$H_2WO_4$前驱体，并对其进行脱水制备了$WO_3$。研究发现采用模板一步法所得$H_2WO_4$和$WO_3$的尺寸更小。主要是因为$Na_2WO_4$中的$WO_4^{2-}$均匀地分散在DWCNTs管束周围，加入酸以后，$H^+$和体系中$WO_4^{2-}$几乎同时结合，使体系中生成的$H_2WO_4$几乎同时在DWCNTs管束表面进行成核长大，并锚钉在DWCNTs管束表面，有效避免了$H_2WO_4$的二次团聚，达到了利用DWCNTs管束对$H_2WO_4$进行隔离与承载的目的。

(2) 通过采用不同比例的模板DWCNTs与$Na_2WO_4$制备了前驱体$H_2WO_4$，并对其形貌及尺寸进行观察，发现DWCNTs与$Na_2WO_4$的摩尔比对$H_2WO_4$的形貌及尺寸有直接影响。调节DWCNTs与$Na_2WO_4$的摩尔比可以使所得$H_2WO_4$具有不同形貌（颗粒状、片状、棒状等）与尺寸（10~1000nm）。对其进行600℃氮气或空气条件脱水，所得$WO_3$也具有不同形貌（颗粒状、片状、棒状等）与尺寸（10~1000nm）。对产物进行相关测试，发现$WO_3$的结晶度良好，在氮气气氛中煅烧所得$WO_3$的棒状形貌直接遗传了以DWCNTs为模板制备的$H_2WO_4$的棒状形貌；而在空气气氛中煅烧所得$WO_3$的尺寸小于氮气气氛中煅烧所得$WO_3$的尺寸。

（3）氧气对 $WO_3$ 形貌与尺寸的调节作用比较明显。随着煅烧气氛中氧气含量的增加，所得产物 $WO_3$ 的微观形貌由棒状向片状转变，尺寸呈减小趋势。如果煅烧过程中不加入氧气，则所得 $WO_3$ 具有较大长径比的棒状结构，当氧气含量达到100%时，则所得 $WO_3$ 具有尺寸较小的类圆形薄片状结构。经分析表明，模板剂DWCNTs在氮气和氧气气氛中起不同作用：1）在氮气气氛中，DWCNTs模板被保留下来，$H_2WO_4$ 在DWCNTs表面进行化学脱水、结晶，进而形成棒状结构 $WO_3$，其中DWCNTs模板对产物起支撑与结构导向作用。2）在氧气气氛中，模板剂DWCNTs被煅烧气氛中的氧气所氧化，释放出二氧化碳，导致 $H_2WO_4$ 在高温下进行化学脱水生成 $WO_3$ 的过程中发生断裂，形成短棒状或类圆形薄片状结构 $WO_3$，其中DWCNTs模板对产物的长度起到剪切作用。

（4）采用程序升温法与原位碳化还原相结合，即在反应炉内控制升温、保温及降温程序对 $WO_3$ 进行原位碳化还原。首先将模板一步法制备的前驱体（DWCNTs/$H_2WO_4$）置于反应炉中的反应区，通入氧气进行煅烧，形成尺寸较小的薄片状 $WO_3$，并以此作为制备薄片状WC的钨源，再改通氮气作为保护气氛和载气并通入液态碳源（无水乙醇），使无水乙醇在高温下分解出的气态碳原子直接接触 $WO_3$，并对薄片状 $WO_3$ 的表面进行原位渗碳还原，高效完成从 $WO_3$ 到WC的碳化过程，得到尺寸细小的薄片状WC。将反应过程中经不同气氛（氧气、空气或氮气）煅烧得到的薄片状WC分别进行了氮气吸附与脱附分析，发现它们曲线形状相似，具有相对较高的比表面积，分别达到 $11m^2/g$、$6m^2/g$ 和 $17m^2/g$，与普通商业应用WC只有约 $1m^2/g$ 相比有大大提高，此外，相应的介孔孔径分布显示其具有中孔存在，且分布范围较宽，说明其具有很好的电催化应用潜能。

（5）将WC@UC-CNS浸泡在体积比为1∶1∶2的 $HNO_3/HF/H_2O$ 溶液中，可以将UC-CNS从WC表面剥离，并在UC-CNS表面引入含氧官能团，但不破坏UC-CNS形貌结构。WC被氧化生成 $WO_3 \cdot 0.33H_2O$，可以作为钨源，重复制备WC@UC-CNS。边缘呈卷曲盘绕形貌的UC-CNS具有高石墨化度（$I_D/I_G$ 为1.43）和高比表面积（$547m^2/g$），孔径为2～10nm。碳层厚度为3.45～5.61nm（约8～16个碳层）。

（6）在WC-Co复合粉末表面原位生长的石墨化碳层，有效控制WC-Co复合粉末中的碳层厚度和碳含量。此外，还可以有效减缓WC-Co复合粉末在烧结过程中晶粒的异常长大，并改变WC-Co复合粉末的导电性能和烧结性能，显著降低烧结温度。

## 7.2 展望

本书主要针对DWCNTs模板调节制备 $H_2WO_4$、氧气调节制备 $WO_3$ 以及液相碳源对钨源的碳化还原等方面做了一些有意义的探索工作，取得了一定的研究结果，但有些工作还有待进一步地深入和拓展。对今后研究工作提出的一些建议如下：

（1）通过模板剂 DWCNTs 表面沉积 $H_2WO_4$ 的研究发现，模板剂 DWCNTs 的加入可以对 $H_2WO_4$ 的形貌与尺寸进行非常有效的调控。采用不同比例的 DWCNTs 和 $Na_2WO_4$，得到的 $H_2WO_4$ 具有颗粒状、片状、棒状等形貌，由其脱水所得 $WO_3$ 的形貌遗传了 $H_2WO_4$ 的形貌，也呈现颗粒状、片状、棒状等形貌。但也存在一些问题：第一，DWCNTs 乙二醇溶液遇到反应体系中的水，分散程度会下降，使得 DWCNTs 管束会再次发生部分缠绕，此现象会对所得 $H_2WO_4$ 的形貌产生一定影响。如果体系中全部采用乙二醇作为溶剂，则生成的 $H_2WO_4$ 又会溶解于乙二醇中。第二，目前制备 DWCNTs 均匀溶液是在超声波中进行，一般分散时间为 24h 以上，制备方法和效率比较低。第三，反应体系的反应温度及 pH 值对 $H_2WO_4$ 在 DWCNTs 表面的成核和长大速度会有影响。因此，在后续研究中，一方面，有待进一步摸索除乙二醇以外的其他溶剂作为 DWCNTs 的分散剂并获得均匀稳定的 DWCNTs 悬浮液，进一步提高制备 DWCNTs 均匀悬浮液的效率；另一方面，继续对 $H_2WO_4$ 在 DWCNTs 表面沉积工艺进行研究，从而大大提高 $H_2WO_4$ 在 DWCNTs 表面的沉积效率及减小 $H_2WO_4$ 的尺寸，可以尝试不同的钨源（偏钨酸铵、仲钨酸铵、六氯化钨等）在 DWCNTs 管束表面进行 $H_2WO_4$ 沉积实验。

（2）对棒状结构 $H_2WO_4$ 在氮气气氛中进行脱水，生成了薄片状结构 $WO_3$，而对于纳米级颗粒和微米级片状结构 $H_2WO_4$ 在氮气气氛中进行脱水生成的纳米级颗粒状和微米级片状的 $WO_3$ 的相关性能，本书没有涉及。经过初步的亚甲基蓝降解，发现具有微米级片状结构的 $WO_3$ 具有较强的光催化活性。因此可着手开展 DWCNTs 承载纳米颗粒状或微米级片状 $WO_3$ 的制备与光电催化性能机理的研究。

（3）通过氧气调节生长纳米 $WO_3$ 的实验研究发现，$H_2WO_4$ 在空气和氧气气氛中脱水，在有效去除产物中 DWCNTs 模板的同时有助于提高产物中 $WO_3$ 的纯度及其价态并有效降低 $WO_3$ 的尺寸。该方法对实验室制备少量纯净的实验样品效果显著。但在工业应用中使用本方法批量化生产小尺寸 $WO_3$ 时，就需要大量的前驱体 $H_2WO_4$，如果 $H_2WO_4$ 在脱水过程中与氧化性气氛接触不好，有可能会影响到最终产品的纯度及价态。因此，如能在现有基础上，在后续实验中开发一些 $H_2WO_4$ 前驱体与氧化性气体更加充分的接触方法，在尽可能短的时间内使 DWCNTs 模板消失，不仅可以提高薄片状 $WO_3$ 的纯度，还可借助于 DWCNTs 模板因氧化释放出的 $CO_2$ 阻止 $WO_3$ 的二次团聚，进而得到尺寸更加细小且厚度更小的片状 $WO_3$，从而对工业大批量生产具有真正的推动作用。

（4）采用氧气剪切的小尺寸薄片状 $WO_3$ 作为制备薄片状 WC 的钨源，同时以无水乙醇作为液相碳源，在高温下可分解成气态碳原子，与 $WO_3$ 之间有更好的接触，从而可有效降低碳化温度和碳化时间，并减少最终产物 WC 的尺寸。然而也存在一些问题，一方面，液态碳源分解得到的气态碳原子与钨源的比例难以精确控制，如果碳原子相对过少，会导致制备出的 WC 不纯，如果碳原子相对过多，会造成最终产物 WC 表面有一定的积碳覆盖，所以在后续研究中还需进一步探索在采用一定比例的钨源和碳源的前提下，如何控制合适的碳化温度范围和碳化时间等工艺参数；另一方面，针对 WC 表面存在的积碳现象，应采取适当的去除方法及工艺，以便为高纯度、小尺寸 WC 的工业化大生产奠定理论与工艺。

（5）有机碳源的高温裂解气作为还原和碳化气氛，避免了传统通入氢气作为还原气的危险性，不排出有害气体，简化了还原碳化工步，降低了还原碳化的温度和时间，缩短了 WC-Co 的制备流程、节能环保，极大地节约了生产成本，因此可以推广至其他碳化物的制备。